바다의 정글
산호초

바다의 정글 산호초

_가장 아름답고 치열한 바다 생태계를 열다

초판 1쇄 발행 2008년 9월 3일
초판 3쇄 발행 2015년 12월 15일

지은이 한정기, 박홍식
펴낸이 이원중

펴낸곳 지성사 **출판등록일** 1993년 12월 9일 **등록번호** 제10-916호
주소 (03408) 서울시 은평구 진흥로1길 4(역촌동 42-13) 2층
전화 (02) 335-5494 **팩스** (02) 335-5496
홈페이지 지성사.한국 | www.jisungsa.co.kr **이메일** jisungsa@hanmail.net

ISBN 978-89-7889-177-6 (04400)
ISBN 978-89-7889-168-4 (세트)

잘못된 책은 바꾸어드립니다. 책값은 뒤표지에 있습니다.

이 도서의 국립중앙도서관 출판시도서목록(CIP)은 서지정보유통지원시스템 홈페이지(http://seoji.nl.go.kr)와
국가자료공동목록시스템(http:www.nl.go.kr/kolisnet)에서 이용하실 수 있습니다. (CIP제어번호:CIP2008002658)

바다의 정글
산호초

가장 아름답고 치열한 바다 생태계를 열다

한정기
박흥식 지음

지성사

차례

머리말 6

1부 열대 바다가 만들어 낸 아름다움, 산호초 9

2부 산호가 아름다움을 뽐내기 위해서는 15

3부 산호가 살아 있는 동물이라고? 21

4부 산호의 가계도 29

5부 석회암 빌딩, 산호초의 형성 43

6부 다양한 모양의 산호 51

7부 바다의 정글, 산호초 61

8부 산호초에서 살아남기-다양한 생존 전략 77

9부 산호의 천적들 95

10부 산호의 번식 103

11부 지구와 함께한 산호 111

12부 보기보다 약하고 민감해요 115

13부 우리나라에도 산호가 있을까? 123

14부 산호가 우리에게 주는 선물 133

15부 후손들의 품에 물려줘야 할 산호 147

사진에 도움을 주신 분 150

참고문헌 151

  인간은 오래전부터 생명의 근원이 되는 바다를 통해 필요로 하는 많은 것을 얻어 왔다. 또한 그 푸른 세상을 살아가는 바다생물에 대한 호기심으로 그들의 삶에 끊임없이 접근해 왔으며, 오늘날에는 과학 기술의 발달로 인해 바다생물들이 하나씩 신비로움을 드러내고 있다.

  인간의 이성과 합리적인 사고에 바탕을 둔 17세기 계몽사상은 자연도 인간이 개발해 사용하는 하나의 도구라고 생각했다. 이런 사상은 산업 발전과 맞물려 과도한 자연 파괴를 불러일으켰고 그 피해는 우리가 미처 생각하지 못하는 공간까지 확대되고 있다. 늘 베풀어 주던 자연의 너그러움이 이제는 지구온난화, 자원 고갈 등의 문제와 서로 연결되어 우리의 삶을 위협하고 있다. 지구는 인간만 사는 곳이 아니다. 인간과 더불어 모든 생명체가 평화롭고 안전하게 삶을 이어가야 할 소중한 공간인 것이다.

  바다의 아름다움을 간직한 산호는 바다생물의 하나일 뿐이라고 생각할지 모르지만, 산호가 모여 만들어진 산호초는 수많은 바다생물과 우리의 삶을 지켜 주는 소중한 존재이다. 산호초 세상에서 함께 살아가는 바다생물의 관계와 그들의 생태를 자세히 알게 된다면, 그곳의 소중한 의미를 새삼 깨닫게 될 것이다. 또한 산호초에 모인 바다생물이 인간에게 주는 혜택을 알게 되면, 인간이 자연을 대하는 마음과 비교하며 많은 생각을 하게 될 것이다. 우리나라에는 산호가 많이 존재하지 않지만, 계속되는 지구온난화의 영향으로 머지않은 시간 뒤에 우리 후손들은 우리 바다에서 산호초의 아름다움을 볼 수 있을지도 모른다.

지난여름 미크로네시아에 위치한 한국해양연구원 한·남태평양 해양연구센터에서 바다 속 산호초 세상의 신비로움과 아름다움에 서로 공감하면서 이 책은 시작되었다. 겨우내 한정된 지식과 정보를 모아서 많은 사람들이 산호초에 대해 관심과 애정을 가지기를 기대하는 마음으로 준비했다. 내가 살고 있는 이 세상이 얼마나 아름다운 곳인지를, 바다는 후손들이 대대로 살아갈 소중한 곳이라는 사실을 깨닫게 된다면 정말 감사하겠다.

김억수 씨와 정준연 씨의 사진 도움이 글에 생명을 불어넣어 주었고, 끝으로 멋진 책으로 태어날 수 있는 기회를 준 한국해양연구원 여러분과 지성사 가족들에게도 감사의 마음을 전한다.

2008년 8월

한정기, 박흥식

적도를 중심으로 눈이 시릴 정도로 푸르게 펼쳐진 열
대 바다. 비행기를 타고 하늘에서 내려다보면, 열대 바다
에 섬처럼 고립되어 있거나 섬 주변에 넓은 띠를 이루며
퍼져 있는 산호초들이 옥빛 보석처럼 빛나는 모습을 볼
수 있다. 열대 바다의 산호초는 지구상의 어떤 곳보다 흥
미롭고 아름다운 공간이다. 스노클링이나 다이빙을 해서
물속을 들여다보면 산호초와 그 주변의 다양한 생물이 다
채로운 색깔과 형태로 우리 눈길을 사로잡는데, 그 신비
롭고 아름다운 세계는 끝없는 경이로움과 호기심을 불러
일으킨다.

모든 바다가 이렇게 아름다운 모습이라면, 지금까지
가져 온 바다에 대한 사람들의 마음은 많이 달라졌을 것

이다. 사람들은 검푸른 색으로 끝없이 펼쳐진 수평선을 보며 놀라워했고, 하늘을 뒤덮은 거대한 파도 속에서는 두려움에 빠졌다. 또한 바닥을 볼 수 없는 깊고 깊은 바다 속은 무언가 책임지지 못할 것들을 감춰 버리고 싶게 했다. 이런 마음은 사람들로 하여금 바다는 우리가 살아가는 공간과 관계없다는 주장을 내세우게 했고, 사람들은 바다를 메워 육지를 만들거나 엄청난 쓰레기를 버리는 곳으로 사용하기도 했다.

하지만 그 크기만큼이나 넓은 포용력을 지닌 바다는 한구석으로 산호초를 만들어 가면서 끝없는 아름다움을 유지하고 있다. 산호초는 눈에 보이는 아름다움 이상으로 인간과 바다생물이 살아가는 데 중요한 역할을 담당한다. 만약 산호초가 없다면 열대 바다의 다양한 동식물은 지금보다 훨씬 더 단순한 종種만 남게 될 것이다.

우리가 산호에 대해 많은 지식과 관심을 가지고 지구상에서 같이 살아가는 생물로 이해하고자 할 때, 산호초는 우리에게 또 다른 모습과 아름다움을 선사할 것이다.

△ 하늘에서 바라본 열대의 섬 주변에 테두리를 이룬 산호초가 보인다.

△ 인간은 오랜 세월 동안 산호초 주변을 삶의 공간으로 이용해 오고 있다.

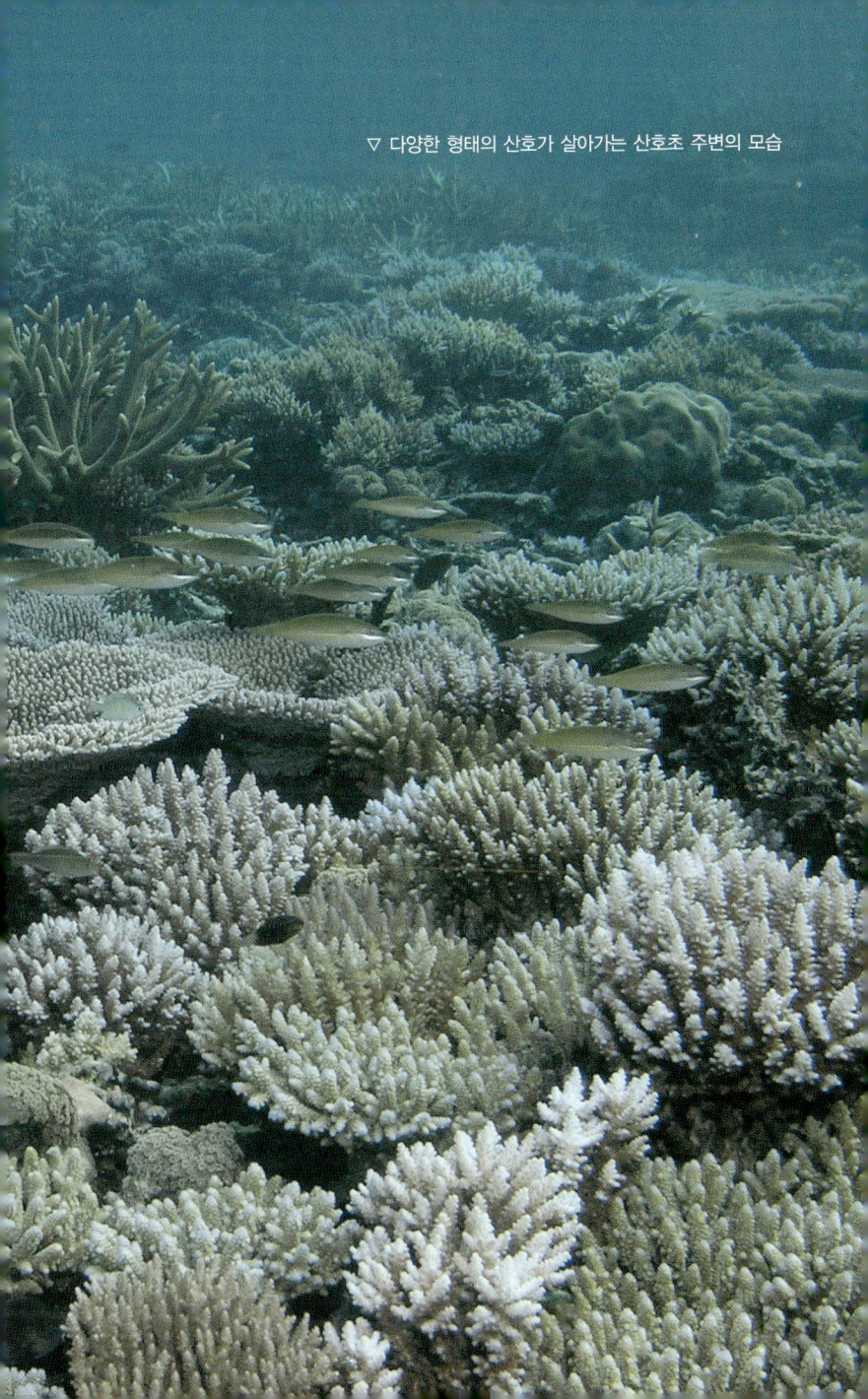
▽ 다양한 형태의 산호가 살아가는 산호초 주변의 모습

　생물이 성장하고 번식하는 데 필요한 조건과 환경은 우리가 생각하는 것보다 훨씬 더 복잡하고 정교한 고리로 연결되어 있다. 산호 역시 자연 속의 한 생물로서, 아름다운 산호초를 만들기 위해서는 이들이 좋아하는 조건과 환경이 잘 갖추어져야 한다. 일반적으로 산호와 산호초를 혼동하는 경우가 많은데, 산호초는 산호에 의해 만들어진 암초와 같다고 생각하면 된다.

　정확히 말해서 산호는 열대 바다에서만 볼 수 있는 것은 아니다. 비록 종류나 양은 열대 바다보다 적지만, 산호는 수심 1,000미터가 넘는 깊고 컴컴한 심해에서부터 차가운 극지 바다까지 고루 퍼져 살고 있다. 하지만 햇빛이 강하고 바람이 거의 없어서 호수와도 같은, 적도를 중심

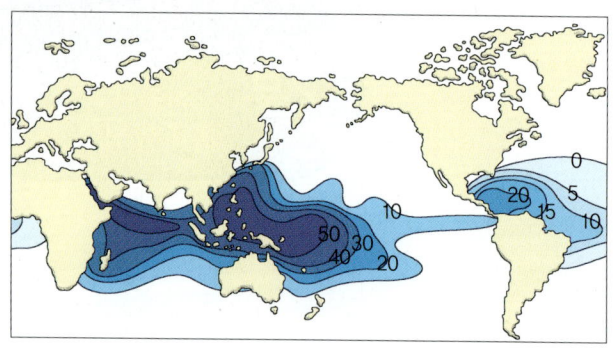

△ 전 세계 산호 분포도(숫자는 산호의 종 다양성을 상대적인 퍼센트로 나타낸다)

으로 남·북위 10도 안팎의 열대 바다에서는 거대한 산호
초를 만들 정도로 엄청난 규모의 산호가 살아간다.

그렇다고 모든 적도 부근의 바다에서 산호초가 형성
되는 것은 아니다. 갈라파고스 제도처럼 적도 부근에 위
치하지만 깊은 바다로부터 찬 바닷물이 올라오는 곳에서
는 산호초가 만들어지지 않으며, 적도에서 멀리 떨어져
있지만 따뜻한 바닷물인 멕시코 만류가 흐르는 버뮤다 제
도에서는 엄청난 산호초가 형성되기도 한다. 즉, 산호초를
만들기 위해서는 다양한 환경 조건이 조화를 이루어야 하
며, 우선적으로 바닷물이 섭씨 18~30도로 따뜻해야 한다.

또한 산호는 몸속에 공생하는 미세조류(플랑크톤)가 잘

△ 산호는 주로 수심이 얕은 곳에서 잘 자란다.

살아갈 수 있도록 빛이 필요하기 때문에 물속으로 빛이
투과할 수 있을 정도로 수심이 얕고 맑아야 한다. 물이 탁
하면 바다 속으로 투과해 들어오는 빛의 양이 감소하므
로, 몸속의 미세조류가 광합성을 하기 어려워 산호는 잘
자라지 못한다.

열대 지역에서는 하루에 몇 차례씩 소나기가 쏟아지
기 때문에 주변 바다는 육지에서 흘러내려 오는 흙탕물로
금방 탁해지기도 한다. 날마다 반복되는 이런 자연현상
속에서 생기는 불순물은 산호가 살아가기 어려운 조건을

만든다. 그러나 지구상의 모든 생물은 생태계라는 고리로 밀접하게 연결되어 있기에 이런 자연현상이 적절하게 조절되기도 한다.

열대 바닷가의 무성한 맹그로브 숲과 얕은 모래펄을 따라 수백 미터씩 펼쳐진 잘피 밭은 산호가 자라는 데 꼭 필요하다. 맹그로브 숲과 잘피 밭은 육지에서 흘러들어 오는 탁한 흙탕물을 가라앉히면서 깨끗하게 걸러 주며, 빗물이 바다로 흘러들어 오는 속도를 조절해 준다. 또한 열대 지역의 뜨거운 태양열은 바닷물을 빠르게 증발시켜 빗물에 희석된 바닷물의 염분을 알맞게 조절해 준다. 이런 자연적인 도움으로 산호는 열대 바다에서 건강하게 자랄 수 있는 것이다.

바닷물의 온도가 적절하고, 수심이 얕아서 햇빛이 잘 들어오더라도 거대한 강 하구 근처에서는 산호가 살지 못한다. 예를 들어 브라질 연안이나 콩고가 위치한 아프리카 서쪽 해안은 열대 해역이지만, 아마존 강이나 콩고 강과 같은 큰 강 주변에서는 산호가 잘 자라지 못한다. 바다로 흘러들어 오는 혼탁한 민물의 양이 너무 많아 생태계에서 조절할 수 있는 한계를 넘어서 버리기 때문이다. 이

처럼 알맞은 수온과 맑은 물 그리고 적절한 염분 등은 산
호가 성장하는 데 꼭 필요한 조건이다.

△ 산호초 주변의 모식도

△ 왼쪽 열대 바닷가의 맹그로브 숲과 오른쪽 잘피 밭

3부 산호가 살아 있는 동물이라고?

　바다에는 식물처럼 보이는 동물이 많이 살고 있는데 산호가 그중에 대표적인 동물이다. 산호의 모양을 보면 커다란 바위나 인간의 뇌 모양을 한 종류가 있는가 하면, 어떤 산호는 마치 나무나 풀처럼 줄기와 가지가 나 있기도 하고, 바위에 단단하게 붙어서 꽃잎같이 생긴 것들을 한들거려 바다 속에 핀 꽃처럼 보이는 종류도 있다.

　그렇지만 산호는 움직일 수 있는 근육이 있고, 촉수로 다른 생물을 잡아먹으며 사는 엄연한 동물이다. 산호는 동물 중에서도 시각·청각·후각 등 감각 기관이 없는 아주 원시적인 형태의 자포동물에 속한다.

　자포동물의 몸을 보면 입이 대부분을 차지하며 항문이 없고, 입 주위에는 꽃잎 모양의 촉수가 있는 단순한 구

△ 식물 모양을 한 바다 동물들

1	2
3	4
5	6

1 말미잘
2~4 산호
5 해면 6 히드라

조이다. 산호의 촉수는 겉으로 보기에는 아름답고 화려하지만 그 끝에 쏘기세포인 독침(자포)이 숨겨져 있다. 쏘기세포에 있는 독성은 무척 다양하다. 사람이 쏘였을 때 손이나 피부에 가벼운 상처를 남기는 것이 있는가 하면, 어떤 산호의 쏘기세포는 고열·마비 등 심각한 증상을 일으키기도 한다. 또한 탄산칼슘으로 이루어진 산호의 날카로운 표면은 언제든지 우리 피부에 상처를 입힐 수 있다.

산호는 종류와 크기가 아주 다양하지만 그 기본 구조는 같다. 산호는 폴립이라고 부르는 하나하나의 개체들이 함께 모여 사는 군체 생활을 한다. 폴립은 산호의 가장 기본적인 구조이다. 폴립은 따로 떼어 내면 말미잘과 아주 흡사하지만, 많은 산호들이 군체를 형성하도록 진화했다는 점에서 말미잘과 큰 차이가 있다.

산호의 폴립은 몸속이 비어 있고 격막이 있으며, 내장이 없는 대신 하나의 큰 주머니처럼 생긴 위(소화 기관)가 있다. 산호에 따라 폴립에 붙어 있는 촉수의 개수와 격막의 모양은 차이가 있지만, 폴립의 구조는 모든 산호가 거의 같다.

먹이가 촉수 끝에 닿으면 산호는 숨겨 놓은 독침을 발

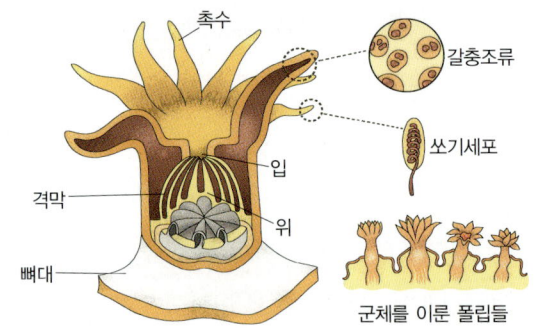

촉수

갈충조류

쏘기세포

입

격막

위

뼈대

군체를 이룬 폴립들

△ 산호의 단면도

△ 산호가 먹이를 잡아먹는 모습

사해 먹이를 찔러 마비시킨다. 그런 다음 힘이 약해진 먹
이를 촉수로 휘감아 입으로 옮겨 삼킨다. 그리고 삼킨 먹
이를 위에서 녹여 영양분은 흡수하고 찌꺼기는 다시 입을
통해 내뱉는다.

산호는 움직일 수 없기 때문에 대부분의 산호 폴립은
물고기의 공격을 피하기 위해 낮에는 탄산칼슘 뼈대 속에

△ 산호의 다양한 촉수 모양

안전하게 촉수를 오므리고 있다가, 주로 밤에 촉수를 내
밀어 사냥을 한다.

　　수백만 개의 폴립으로 이루어진 군체는 서로 연결되
어 있으며, 아주 오랫동안 큰 크기로 자랄 수 있다. 이처
럼 군체 생활을 하는 폴립들은 서로 몸이 이어져 있으므
로 폴립 한 마리가 잡은 먹이를 나눠 먹기도 한다.

우리는 보통 식물만 광합성 작용을 하는 것으로 알고 있지만, 독특하게도 산호는 식물처럼 광합성을 하는 동물이다. 좀 더 정확하게 말하면 산호가 직접 광합성을 하는 것이 아니라, 산호의 몸속에 사는 갈충조류zooxanthellae라 불리는 수많은 단세포 플랑크톤이 광합성을 한다. 산호와 갈충조류는 공생 관계를 이루는데, 산호 속에 사는 갈충조류는 광합성을 하면서 산소와 영양분인 포도당을 만들어 산호에게 제공하며, 산호는 그 대가로 갈충조류가 살아갈 수 있도록 안전한 공간과 영양염류 및 이산화탄소를 제공한다. 그러나 모든 산호가 갈충조류에게서 영양분을 공급받는 것은 아니다.

산호에 관심이 있는 친구라면 산호의 화려하고 다양한 색깔이 어떻게 결정되는지 궁금했을 것이다. 산호의 색깔은 산호 조직 사이에 살고 있는 미세한 갈충조류의 색소에 따라 결정된다. 수심 40미터 이상의 깊은 바다에서는 광합성에 필요한 빛이 부족하기 때문에 갈충조류가 광합성을 하기 매우 어렵다. 갈충조류가 적으면 산호는 색깔이 단순해지고 자라는 속도도 느려진다. 그래서 거대한 산호초를 형성하려면 오랜 시간이 걸리게 된다.

△ 갈충조류에 의해 다양한 색깔을 띠는 산호

　　갈충조류는 서식 환경이 나쁘면 산호에서 모두 빠져
나가 버리기도 하는데, 이때 산호는 완전히 흰색을 띠게
되며 충분한 영양분을 얻지 못해 죽어 버릴 수도 있다. 이
런 현상을 산호의 '백화 현상' 이라고 한다.

산호와 비슷하게 생긴 말미잘, 해파리, 히드라 등은 모두 산호와 함께 자포동물에 속한다. 그러나 엄격하게 말하면 말미잘이나 해파리, 히드라는 산호와는 다른 방식으로 살아가는 산호의 사촌쯤 된다. 원숭이를 인류의 조상으로 둔 사람이 원숭이와는 다르게 살아오면서 진화한 것처럼, 말미잘이나 해파리, 히드라도 산호를 조상으로 두고 다르게 생존하면서 진화했다.

말미잘을 산호와 비교해 보면, 말미잘도 산호만큼이나 다양한 모양이라는 것을 알 수 있다. 말미잘은 산호의 폴립과 똑같이 생겼고, 촉수 모양이나 몸속 구조, 먹이를 사냥하는 방법도 산호와 같다. 그렇지만 산호와 달리 말미잘은 군체 생활을 하지 않고 하나의 개체가 독립된 생활을 한다. 또한 산호처럼 단단한 탄산칼슘으로 몸을 보호하지 못하므로, 부드러운 몸을 보호하기 위해 바위틈이나 모래 속에 숨어 산다. 또한 말미잘은 산호보다는 많고 긴 촉수를 가지며, 장소가 마음에 들지 않으면 슬쩍 이동할 수 있는 점이 산호와 다르다. 말미잘은 암컷과 수컷이 새로운 개체를 만들기도 하지만, 한 마리가 몸을 둘로 나누는 이분법으로 개체를 늘리기도 한다. 이분법은 주로

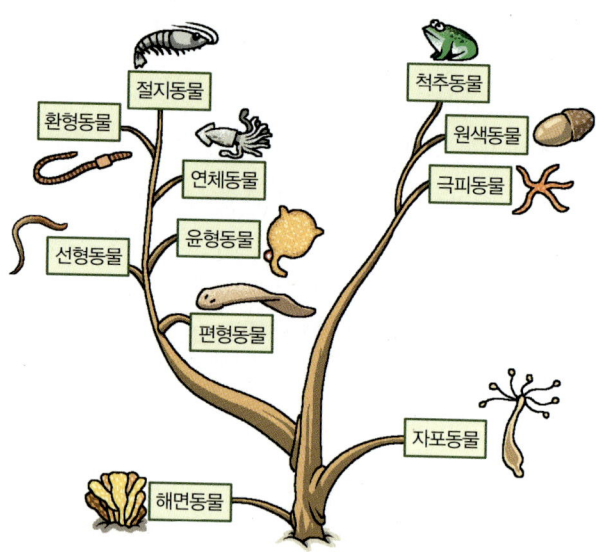

△ 동물의 분류. 산호와 말미잘, 해파리, 히드라는 모두 자포동물에 속하며 서로 친척 관계이다.

△ 다양한 모양의 말미잘

환경이 좋지 않은 상태에서 일어난다. 이분법에 의해 만들어진 말미잘은 마치 가족처럼 옹기종기 모여 사는 모습을 보이는데, 다른 곳에서 온 말미잘이 접근하면 물을 뿜거나 몸으로 밀어내기도 한다.

해파리는 바닥에 붙어서 사는 산호와 달리 물속을 떠다니며 산다. 그래서 해파리를 산호와는 전혀 다른 동물로 생각하기 쉽다. 하지만 해파리의 몸속 구조나 촉수를 사용해 먹이를 잡는 특징은 산호와 똑같다. 단지 몸에 단단한 뼈대만 없을 뿐이다. 해파리를 거꾸로 뒤집어서 보면 영락없이 말미잘과 같은 모양이다. 해파리는 스스로 움직이기는 하지만 그 힘이 아주 약하기 때문에 대부분 물이 흐르는 대로 움직인다. 해파리 중에는 뱀보다 강한 독을 가지고 있어 사람의 생명을 빼앗는 종도 있다. 최근 우리나라뿐만 아니라 세계적으로 해안에 해파리가 많이 출현해 어망을 망가뜨리거나 사람들을 쏘아서 피해를 입히는 사례가 늘고 있다. 그러나 아직까지 해파리가 증가하는 까닭은 밝혀지지 않고 있다. 해파리는 알과 정자가 수정되어 번식하기도 하지만, 알 스스로 해파리가 되기도 한다. 알은 물속을 떠다니다가 바로 바위에 붙어서 성장

△ 다양한 모양의 해파리

한 후에 해파리 모습이 되면 다시 떠다니며 살아난다.

물의 흐름이 빠른 곳이나 파도가 부서지는 바위 근처에 주로 사는 히드라도 산호처럼 촉수를 이용해 먹이를 잡는다. 히드라는 몸속에 갈충조류가 없어 광합성을 하지 않으며 몸이 단단하지 않다. 어떤 종류의 히드라는 몸이 투명해서 눈에 잘 띄지 않기도 한다. 히드라는 새 깃털처럼 생긴 깃히드라, 산호와 비슷하게 생긴 산호붙이히드라 등 모양도 무척 다양하다. 히드라는 말미잘과 같이 독특한 자손 번식법을 갖고 있다. 암컷과 수컷이 새로운 개체를 만들기도 하지만, 영양이 좋으면 몸통 아랫부분에서 새로운 개체를 자라게 하여 어미로부터 분리시킨다. 또한 재생력이 강해 몸의 일부만 있어도 전체를 재생할 수 있다.

산호는 그 종류가 무척 다양하며, 폴립에 붙어 있는 촉수의 개수와 격막의 모양에 따라 가계도를 분류한다. 산호는 크게 팔방산호류와 육방산호류로 나눈다. 폴립 하나에 촉수가 여덟 개 달린 산호를 팔방산호라 부르고, 촉수가 여섯 개 있거나 6의 배수로 달린 산호를 육방산호라고 부른다.

▽ 다양한 모양의 히드라

팔방산호에는 몸이 단단하지 않은 연산호류와 가느다
란 가지가 부챗살 모양으로 뻗어 있어 마치 작은 나무처
럼 생긴 부채뿔산호류가 있다.

　　모양이 맨드라미 꽃을 닮은 연산호류는 일명 '수지맨
드라미'라고도 부른다. 촉수의 모양과 색깔이 물의 깊이
에 따라 다양하기 때문에 매우 아름다우며, 몸이 단단하
지 않은 대신 굵고 말랑말랑해 쉽게 부러지지 않는 특징
이 있다. 연산호류는 우리나라에도 많이 있는데 특히 제
주도의 남쪽 바다에서 쉽게 만날 수 있다. 연산호류는 몸
표면에 작고 투명한 가시들이 서로 엉켜 있고, 물의 흐름
에 따라 부드럽게 움직이기 때문에 오히려 물살이 빠른
곳에서 잘 자라며, 주로 촉수를 이용해 떠다니는 먹잇감
을 잡아먹는다.

　　마치 나뭇가지처럼 생긴 부채뿔산호류는 깊은 바다나
온대 지역 바닷가에서 형형색색의 얇은 가지 모양으로 자
라며, 우리나라에도 다양한 종이 서식하고 있다. 부채뿔
산호류는 몸속에 갈충조류가 없어 햇빛이 들어오지 못하
는 깊은 바다에서도 살 수 있다. 부채뿔산호류는 갈충조
류가 없는 대신 먹이에서 탄산칼슘을 얻어 몸을 단단하게

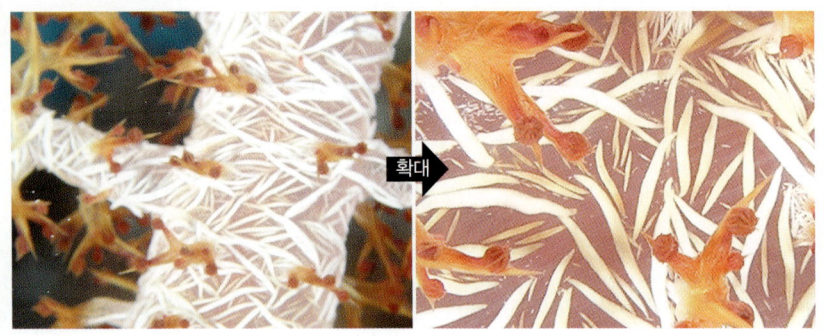

확대

△ 연산호의 근접 촬영 모습. 연산호의 작은 가시들은 몸을 지탱하며, 물의 흐름에 따라 휠 수 있다.

만든다. 이들은 먹이를 쉽게 구할 수 있는, 물이 빠르게 흐르는 바다 속 골짜기 같은 곳에 산다.

　육방산호에는 산호초를 만드는 돌산호류를 비롯해 우리가 알고 있는 대부분의 산호가 포함된다. 돌산호류는 낮에는 물고기의 공격을 피해 폴립 속에 촉수를 넣고 돌처럼 있으면서 갈충조류의 광합성으로부터 영양분을 얻고, 밤이 되면 촉수를 뻗어 먹이를 잡는다. 열대 지방에서 산호초를 이루는 산호는 돌산호류가 대부분이다. 하지만 바닷물이 찬 깊은 바다에서도 돌산호를 볼 수 있다. 깊은 바다에 사는 돌산호는 갈충조류가 살 수 있을 만큼 빛이 강하지 못해 대부분 먹이를 직접 잡아야 하므로 촉수가

길게 발달되어 있다. 한편 우리가
바닷가에서 쉽게 볼 수 있는 말미잘
도 촉수가 무척 많은 것 같지만 자
세히 세어 보면 모두 6의 배수임을
알 수 있다.

△ 돌산호의 촉수 개수는 모두 6의
배수이다.

◁ △ 여러 가지 팔방산호

1~3 부채뿔산호류

4~5 연산호류

6~7 회초리산호류

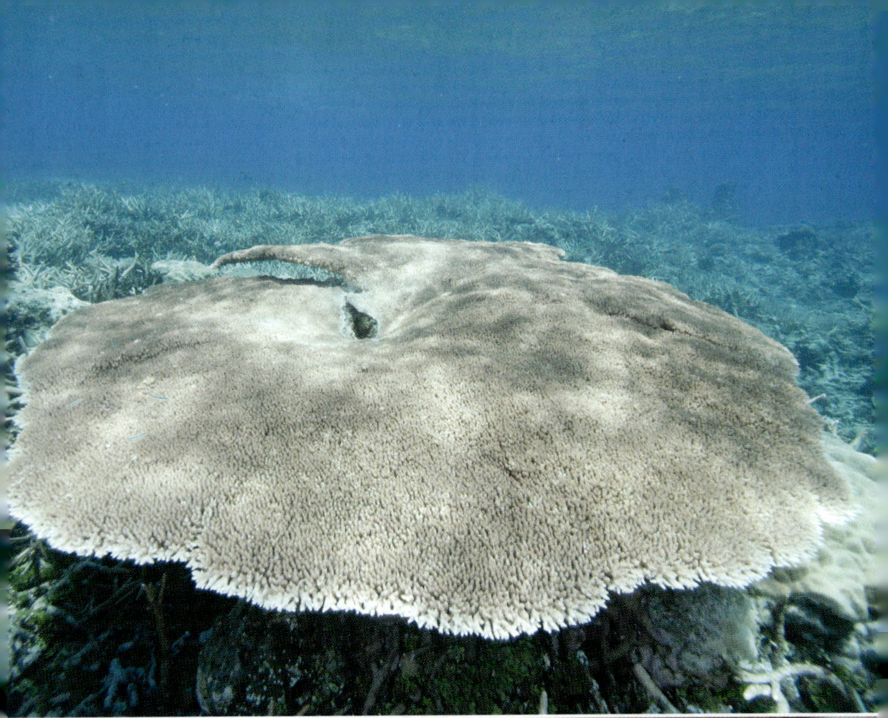
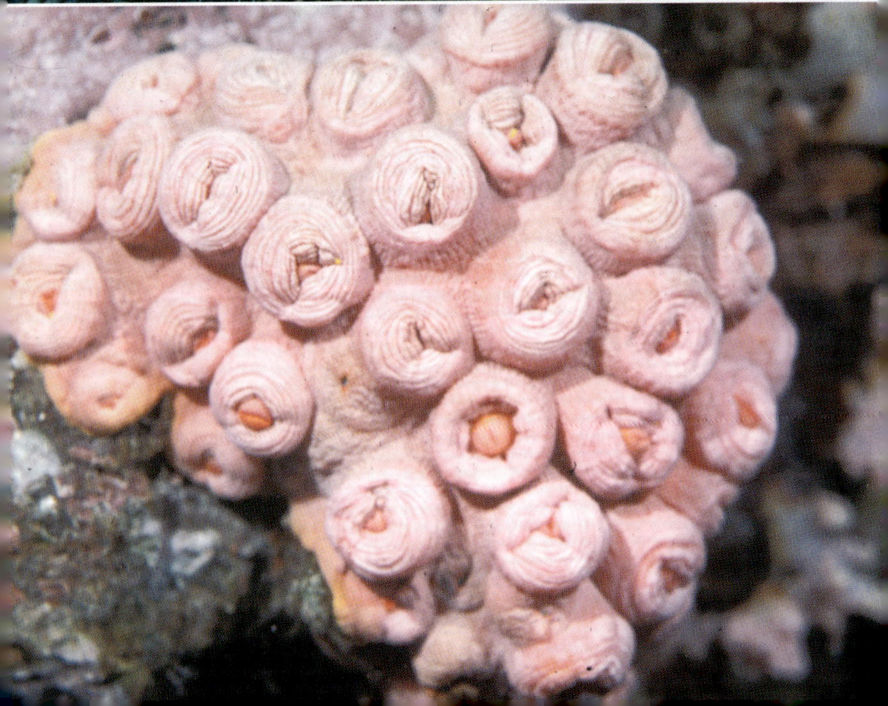

◁△ 여러 가지 육방산호

5부 석회암 빌딩,
산호초의
형성

산호초는 아주 작은 각각의 산호 폴립에서 분비하는 탄산칼슘이 쌓여 만들어지므로, 거대한 석회암 빌딩과 같다. 열대 지방의 바다를 중심으로 오랜 세월에 걸쳐 만들어진 산호초는 모양이 매우 다양하고, 크기도 지역에 따라 천차만별이다.

진화론으로 유명한 생물학자인 다윈Charles Darwin은 산호초의 모양을 연구하면서 산호초의 분류 방법을 고안해 냈는데, 그의 이론에 따르면 산호초는 거초, 보초, 환초로 나눌 수 있다. 이런 산호초의 모양은 산호초가 처음에 형성된 지역이 어디인가에 따라 달라진다.

거초는 열대 바다의 섬이나 대륙 주변의 수심이 얕은 해안을 따라 발달한 산호초이다. 거초는 해안 해수면 바로 아래에서 자라 점점 육지에서 멀리 떨어진 넓은 바다까지 자라나기도 한다.

보초는 해안의 산호초가 계속 자라서 육지에서 멀리 떨어진 넓은 바다까지 뻗어 나가 종종 대륙붕(대륙 주위에 분포하며, 수심이 200미터 미만으로 얕고 경사가 매우 완만한 해저 지형)의 가장자리까지 도달하게 된 것을 말한다. 오스트레일리아의 동북부 해안에 있는 대★보초가 대표적인데 길이가 2,000킬로미터나 되는 엄청난 크기로, 우리가 사는 웬만한 도시보다 더 크며 지구 둘레를 도는 인공위성에서도 보인다고 한다. 이 대보초는 하나의 산호초가 아니라 수천 개의 다양한 형태의 거초 그리고 섬이 어우러져 만들어진 거대한 산호초이다.

환초는 고리 모양의 산호초를 말한다. 바다에서 화산이 폭발해 해수면 위로 섬이 솟아난 후 시간이 지나면 그 가장자리에 산호가 자란다. 오랜 시간이 흐르면서 화산섬은 가라앉고 산호는 계속 자라서, 섬이 있던 곳 주변에 고리 모양의 산호초가 남게 된 것이 환초이다.

미크로네시아 연방(서태평양 적도 북쪽에 있는 연방 공화국)에 위치한 축 환초와 마셜 제도에 위치한 비키니 환초가 세계에서 가장 유명한 환초이다.

환초는 주로 태평양에 많이 분포하며, 그 크기가 수백 킬로미터에 이르는 것도 있다. 축 환초는 세계에서 가장 큰 환초로, 둘레가 224킬로미터이며 지름이 40킬로미터에 이른다. 특히 축 환초는 마치 수십 개의 섬을 보호하기 위해 섬 둘레에 거대한 방파제를 쌓아 놓은 것과 같은 모양이다. 또한 비키니 환초처럼 고리 모양의 산호초만으로

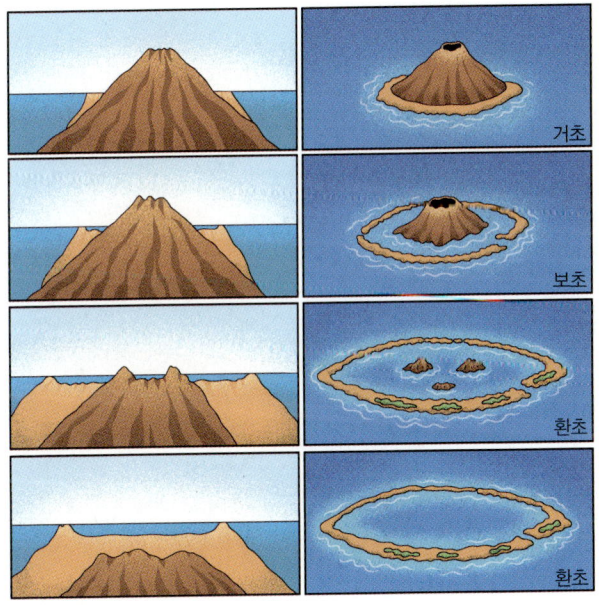

△ 산호초의 형성 과정과 종류

△ 축 환초

1 축 환초의 인공위성 사진으로, 길고 가늘게 보이는 환초의 두께가 무려 200미터나 된다.

2 축 환초의 일부로, 이 산호초는 거대한 파도로부터 섬을 보호해 준다.

△ 환초 바깥쪽의 산호초 모습

만들어진 것이 있는가 하면, 타히티 섬 북서쪽에 있는 보라보라 환초처럼 고리에 깨를 박은 것처럼 작은 섬들이 산호초 사이에 연결된 것도 있다. 이런 섬들은 어떻게 만들어질까? 산호초 주변에 죽은 산호의 가루로 형성된 모래가 쌓이면 그곳에 어딘가에서 떠내려온 코코넛이 뿌리를 내리고 싹이 트면서 그 사이로 모래가 계속 쌓인다. 그리고 다시 다른 코코넛이 자라면서 작은 섬으로 변한 것이다.

이제 거대한 산호초가 만들어지는 과정을 자세히 살펴보기로 하자. 산호초는 산호 폴립에서 형성되는 탄산칼슘이 계속해서 쌓이면서 만들어지는 것이다. 그런데 산호는 폴립 내부에 많은 양의 탄산칼슘을 가지고 있을 수 없다. 그래서 탄산칼슘은 산호 폴립 아래나 주변에 미세한 바늘 모양의 결정체로 쌓이게 되는데, 이 과정은 두 단계로 이루어진다. 먼저 산호가 밤에 먹이를 잡기 위해 촉수를 벌리면 폴립은 손에서 약간 빠져나온 장갑처럼 뼈대에서 들어 올려진다. 이 단계에서 탄산칼슘 결정이 봉우리를 만들게 된다. 다음 날 산호 폴립이 수축되면 들어 올려진 뼈대 사이가 새로운 탄산칼슘으로 메워지고 뼈대는 좀 더 평탄한 모양이 된다. 이렇게 눈에 보이지 않는 작은 활동이 셀 수 없이 많은 산호들 사이에서 계속 반복되면서 산호가 자라게 되고, 거대한 산호초가 만들어진다.

그렇다고 모든 산호가 산호초를 만드는 것이 아니라, 탄산칼슘으로 뼈대를 이루는 단단한 돌산호류만 산호초를 만들 수 있다. 산호초는 하루 동안에는 눈에 보이지 않을 정도로 천천히 성장하지만, 그것이 모여 어느 순간 보면 200미터가 넘는 두께에 수십 킬로미터의 길이에 이르는 산호초가 만들어지는 것이다. 이렇게 산호가 자라면서 죽거나 부서지고, 다시 그곳에 산호가 붙어서 자라는 것을 반복하면서 거대한 석회암 빌딩 같은 산호초를 만들게 된다.

△ 성장이 빠른 뿔산호의 군락. 주로 수심이 낮고 잔잔한 육지 주변의 바다에서 산호초 면적을 넓혀 나가는 데 중심이 되는 산호이다.

산호는 종류마다 자라는 속도가 다르다. 뿔 모양으로 길게 성장하는 산호는 둥근 모양의 산호보다 성장 속도가 훨씬 빠르다. 둥근 모양의 산호가 일 년에 0.5센티미터 정도 자라는 것에 비해 뿔산호는 일 년에 약 2~5센티미터까지 자라기도 한다. 특히 얕은 물에서 사는 산호가 가장 빨리 자라는데 일 년에 키가 5센티미터, 지름이 약 3센티미터까지 자란다. 이렇게 계산하면 15미터 높이의 산호초가 만들어지려면 약 300년 이상의 시간이 필요하다. 우리가 세상에서 살아가는 기간을 최대 100년이라고 볼 때, 산호초는 우리의 삶 그 너머의 세월을 살아가는 생명체인 것이다.

6부

다양한 모양의
산호

    산호를 연구하는 사람들이 가장 어려워하는 부분 중 하나가 산호를 종에 따라 분류하는 것이다. 같은 종이라도 사는 장소에 따라 또는 환경에 따라 모양이 다르기 때문이다. 처음에 신호를 접하면, 어떻게 같은 종이면서 형태나 모양이 그처럼 다양한지 놀라움을 느낀다.

    앞서 산호를 분류하는 중요한 방법이 폴립과 격막의 모양, 촉수의 개수를 보는 것이라고 말했는데, 촉수 중에는 너무나 작아서 현미경을 사용해야 관찰이 가능한 것도 있다. 실제 겉모양에 따라 산호를 구분해 보면 더 많은 혼란에 빠지게 된다. 같은 종이라도 색과 모양이 전혀 다르고, 폴립의 모양은 같지만 크기가 다른 것도 많으며, 심지어 한 덩어리의 산호가 아랫부분과 윗부분의 모양이 다르

△ 다양한 모양의 산호 폴립. 폴립의 모양은 산호 분류의 중요한 열쇠이다.

게 나타나기도 한다. 빛의 영향으로 넓적하게 커지다가 어느 순간부터는 수직으로 자라기도 하기 때문이다. 이런 까닭에 산호를 분류하는 데 오랫동안 어려움을 겪었다.

산호는 기본적으로 유전적인 구조가 그 모양을 결정하지만 파도, 해류, 빛, 산호끼리 자리를 차지하기 위해 벌이는 공간 경쟁 등 여러 가지 조건에 따라 모양이 달라진다. 어떤 산호는 공에 바람을 넣으면 부푸는 모양처럼 점점 커지는 바위 덩어리 같은 형태를 보이기도 한다. 어

△ 아랫부분과 윗부분이 다른 산호의 모습

떤 산호는 작고 뭉툭한 가지 모양인 반면, 어떤 산호는 가느다란 나뭇가지처럼 퍼지기도 하고 나뭇잎이나 평평한 탁자처럼 자라기도 한다. 즉, 산호의 모양은 살아가는 환경에 따라 다양하게 적응하고 진화한 결과로 볼 수 있다. 해양 생물학자들조차도 아직까지 산호의 모양을 결정하는 원인에 대해서 정확히 알지 못한다.

일반적으로 조류나 파도 등 물리적 영향이 강하게 작용하는 지역에서는 조류나 파도 때문에 산호가 부러질 수 있으므로 주로 단단한 덩어리 모양을 한 산호들이 살게 된다. 반면 물의 흐름이 약하고 파도가 잔잔한 곳에서는 부러지기 쉬운 나뭇가지 모양의 산호가 주로 산다. 또한 평평한 접시 모양의 산호는 비교적 깊은 바다에서 주로 볼 수 있다. 바다 깊은 곳에는 햇빛이 잘 들어오지 못하므로 빛을 많이 흡수하기 위해 위쪽이 평평한 접시 모양일 수밖에 없는 것이다. 이런 이론은 산호를 지역에 따라 넓은 범위에서 해석하면 잘 이해할 수 있다.

하지만 산호초 주변에서 스노클링이나 다이빙을 한 경험이 있다면, 정확하게 이런 원인만으로 사호가 다양한 모양을 만드는 것은 아니라는 생각을 하게 된다. 일반적

확대

△ 산호의 내부를 보면 산호가 성장하는 모습을 알 수 있다.

으로 산호초 바깥쪽 지역에서는 대양의 거대한 파도 때문에 모양이 복잡한 산호는 쉽게 부러질 수 있기에, 둥근 모양을 한 종류가 오랫동안 살아갈 수 있다. 반면에 산호초 안쪽 지역에서는 산호초의 영향으로 잔잔한 바다가 만들어지면서 복잡한 모양을 가진 산호도 그 모습을 유지할 수 있다.

△ 산호의 모양은 살아가는 환경에 적응하고 진화한 결과이다.

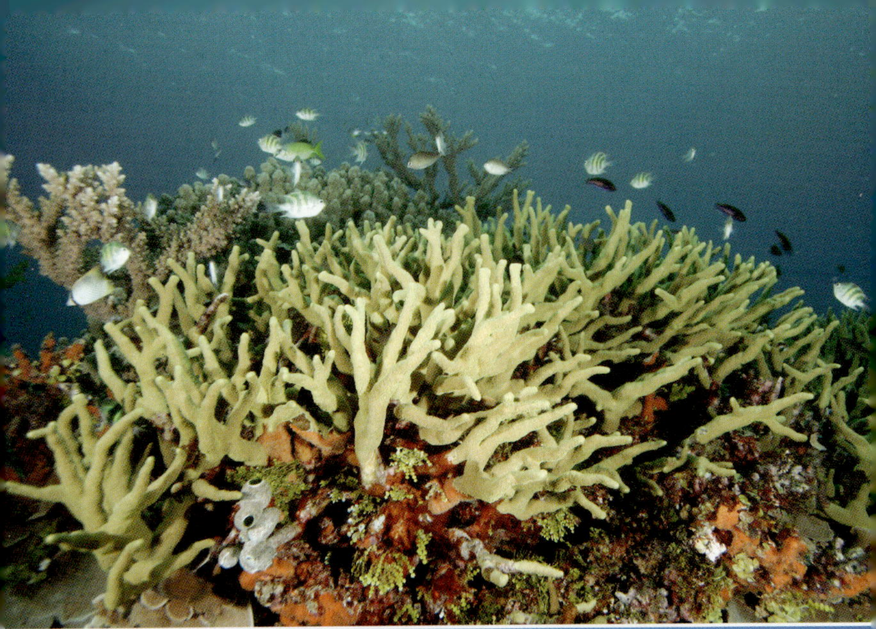
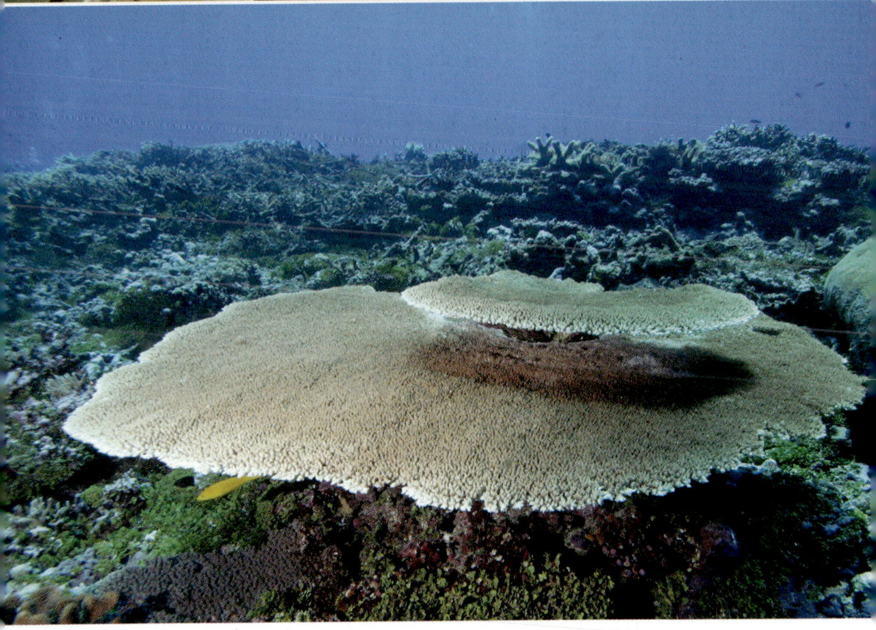

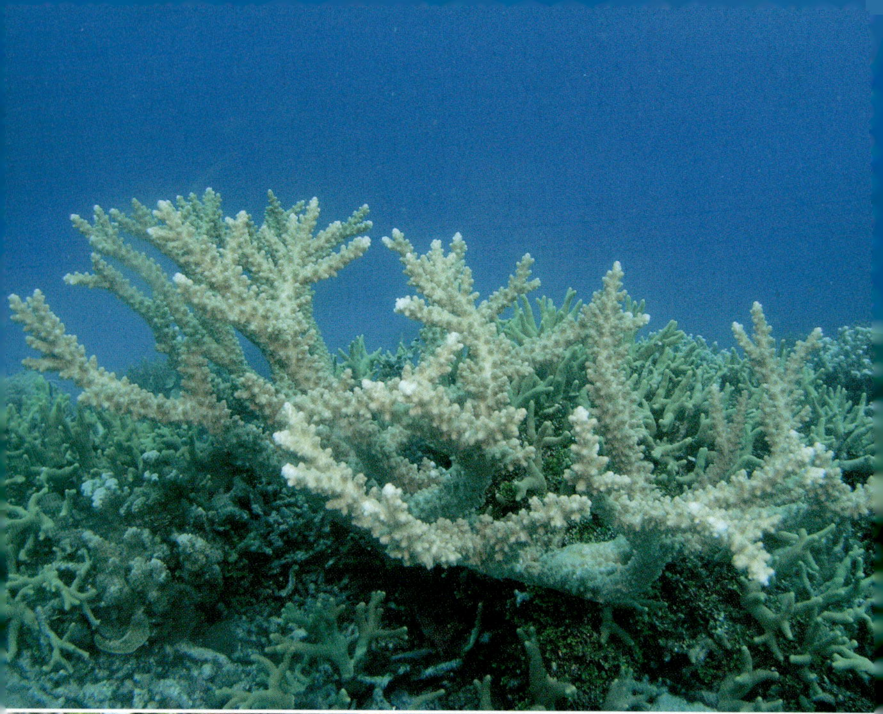

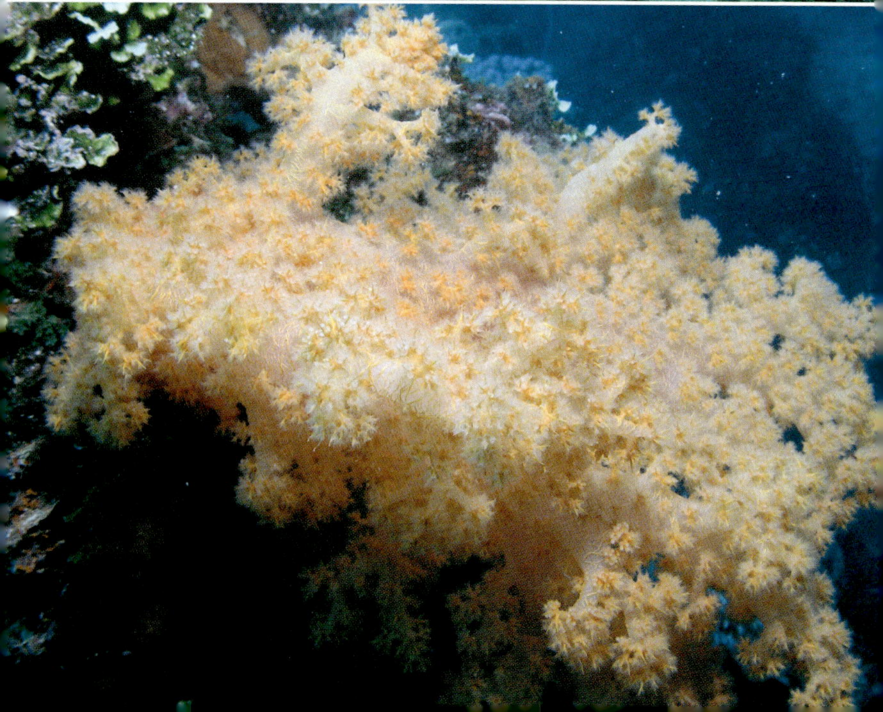

◁ △ 다양한 모양으로 성장하는 산호

7부 바다의 정글,
산호초

산호초에는 어떤 생물들이 살고 있을까? 산호초에는 지구상의 바다 속 어떤 곳보다 다양한 종류와 다채로운 형태의 생물들이 복잡하게 얽혀 살아가고 있다. 산호초에 사는 많은 생물은 산호를 먹이로 삼는다. 산호의 촉수에는 강한 독침이 들어 있지만 이것을 즐겨 먹기도 하고, 심지어 산호보다 더 강한 독을 내어 산호를 녹여 먹거나, 강한 이빨로 산호의 폴립을 부수어 씹어 먹는 물고기도 있다. 또한 무수히 많은 산호의 폴립에서 만들어 내는 엄청난 양의 알은 다른 바다생물들에게 훌륭한 먹이가 된다. 풍부한 영양분을 지닌 산호의 알은 산호초 생태계를 유지하는 기본이 되고 있다. 그러나 산호는 다른 생물의 먹이가 되기도 하지만 동물플랑크톤이나 작은 물고기를 잡아

△ 산호초 주변은 생물 다양성이 가장 높은 바다 생태계를 형성하고 있다.

먹기도 한다.

또한 산호가 모여 만든 거대한 산호초는 해면동물이나 조개 같은 바닥에 붙어 사는 생물에게는 살 수 있는 기반과 공간을 만들어 주고, 작은 물고기에게는 큰 물고기를 피해 숨을 수 있는 은신처를 제공하기도 한다. 산호초에 사는 동물들은 산호의 모양을 흉내 내거나 색깔도 산호와 비슷하게 위장해 사냥꾼으로부터 자신을 숨긴다. 이처럼 열대 바다에 산호초가 만들어지면서 수많은 바다생물이 먹이와 쉴 수 있는 공간을 얻게 되는 것이다.

현재 산호초에는 약 3만여 종의 생물과 우리에게 알려진 물고기 종류의 4분의 1 정도가 살고 있다. 이들은 서로 먹고 먹히는 관계 속에서 살아남기 위해 나름대로 다양한 방법으로 진화해 왔다.

우리가 산호초 주변에서 볼 수 있는 형형색색의 물고기는 주로 산호를 먹으며 자란다. 이런 물고기 중에는 산호의 부드러운 폴립을 먹을 수 있도록 주둥이가 집게나 파이프처럼 길게 나와 있는 종류도 있고, 강한 이빨을 가지고 있어서 산호를 깨부술 수 있는 종류도 있다. 또한 산호초 주변에서 가만히 기다리고 있다가 산호가 영양가 높

△ 위 산호초에 숨어 있는 작은 물고기들, 아래 산호초에 붙어 사는 바다생물들

△ 산호를 먹는 물고기들

1~5 산호 폴립을 먹기 위해 다양한 모양으로 주둥이가 진화한 산호초 어류

6~7 산호를 먹기 위해 단단한 이빨을 가진 6 복어와 7 에인절피시

은 알을 낳으면 그것만을 골라 먹는 종류도 있다. 주로 어린 물고기가 산호의 알을 좋아한다.

산호초의 경사면에서는 해류가 흐르는 방향과 마주하고 작은 물고기가 무리를 지어 헤엄치며, 물을 따라 떠내려 오는 먹이를 잡아먹는 광경을 볼 수 있다. 산호처럼 군체를 이루며 사는 석회관갯지렁이도 깃털처럼 생긴 촉수를 내밀어서 물속을 떠다니는 플랑크톤을 잡아먹는다. 산호초 주변의 작은 물고기는 전갱이 같은 더 큰 물고기에게 잡아먹히기 쉬우므로 자신을 방어하기 위한 전략으로 커다란 무리를 지어 다니기도 하고, 언제든지 산호초 사이의 틈 속에 숨을 수 있도록 산호초 가까이에서만 살아가는 종류도 있다.

산호초에서도 다른 여느 지역과 같이 초식동물, 육식동물이 함께 살아가면서 먹이사슬이라는 생태계를 형성한다.

산호초에는 다양한 모양과 크기를 한 초식동물들이 산다. 긴가시성게는 게걸스러운 초식동물인데 산호초 사이에 숨어 있다가 밤에만 밖으로 나와 먹이를 먹는다. 독가시치 같은 산호초의 초식성 어류는 죽은 산호 주변에 자라는 크기가 아주 작은 해조류를 갉아 먹으며, 작은 갑각류와 유기물 부스러기, 박테리아까지도 먹어 치운다. 이들은 해조류를 갉아 먹기에 편리하도록 발달한 체형과 작은 입 등 자신만의 특징을 가지고 있다.

△ 산호초 주변의 초식성 어류인 독가시치가 위장색을 띠고 있다.

산호의 포식자와 산호 그리고 초식동물과 해조류는 적절한 균형을 이루며 살아간다. 포식자가 너무 활발하게 활동하면 산호 유생과 성장하는 폴립이 정상적으로 자라기도 전에 먹혀 버려 새로운 산호가 자라기 힘들어진다. 그리고 초식동물의 활동이 너무 없으면 새로 생겨난 산호는 무성하게 자라는 해조류에 덮여 살아남기 힘들다.

게, 말미잘, 청자고둥, 갯가재, 거미불가사리 등은 산호초에서 흔히 볼 수 있는 육식성 무척추동물이다. 산호초에 사는 육식 어류 중에는 망둑어처럼 작은 어류가 있는가 하면 상어처럼 큰 어류도 있다. 전갱이는 산호초 주변에 무리 지어 다니는 작은 물고기를 잡아먹는다. 능성

△ 산호초 주변에서 자라는 다양한 해조류

어는 산호초에 사는 가장 큰 어류 가운데 하나로, 산호초의 동굴이나 돌출된 바위 아래에서 먹이가 자신의 존재에 익숙해지고 위험을 잊을 때까지 오랫동안 가만히 기다린다. 그러다가 방심한 먹이가 공격 거리 안에 들어오면 빠른 속도로 돌진해 잡아먹는다. 능성어는 피부에서 끈끈한 점액질을 분비해 산호의 독침으로부터 안전하게 몸을 지킨다. 곰치는 산호초에 숨어 살면서 산호를 뜯어 먹으려고 다가오는 물고기를 잡아먹는다.

산호초의 생태계는 낮과 밤이 뚜렷이 다르다. 낮에는 다양한 물고기가, 밤에는 야행성 물고기와 게나 새우 같

△ 산호초 주변의 육식성 동물인 쥐돔류

은 작은 생물이 산호와 함께 먹이를 찾기도 하고 천적들에게 먹히기도 한다. 이런 과정을 통해 바다 생태계는 적절한 균형을 유지한다.

해가 지면 작은 물고기를 비롯해 낮에 활동하던 모든 물고기는 산호초에 있는 은신처로 돌아간다. 대신 야행성 어류들이 낮 동안 휴식을 취하던 은신처에서 나와 산호초 주변을 어슬렁거린다. 이들 중에는 밤에 먹이를 잘 찾기 위해 유난히 눈이 크게 진화한 것도 있다. 또한 빛이 없는 밤에는 색깔과 모양으로 특별하게 위장할 필요가 없어서 단순한 색을 지닌 종류가 많다. 이들은 밤에 플랑크톤을 먹거나 산란하는 산호의 알, 모래 바닥에 떨어진 먹이를 급하게 먹어 치운다. 나비고기류는 야행성 포식자의 눈에 띄지 않으려고 밤이 되면 몸의 색깔을 어둡게 바꾼다. 그러면 주변의 어둠과 어울려 윤곽이 잘 드러나지 않아 숨어 있는 데 효과적이다.

낮에 활동하는 큰 물고기를 피해 산호 속에 숨어 있던 게, 새우, 고둥, 성게 등은 밤이 되면 바쁘게 움직인다. 바다나리류는 플랑크톤을 잡기 위해 복잡한 가지가 있는 팔을 펼쳐 올린다. 또한 연산호와 돌산호, 부채뿔산호는 폴

1	2
3	4
5	6

△ 야행성 물고기들
1~3 단순한 색을 지닌 야행성 물고기
4~6 밤에 색을 바꾸고 휴식을 취하는 물고기

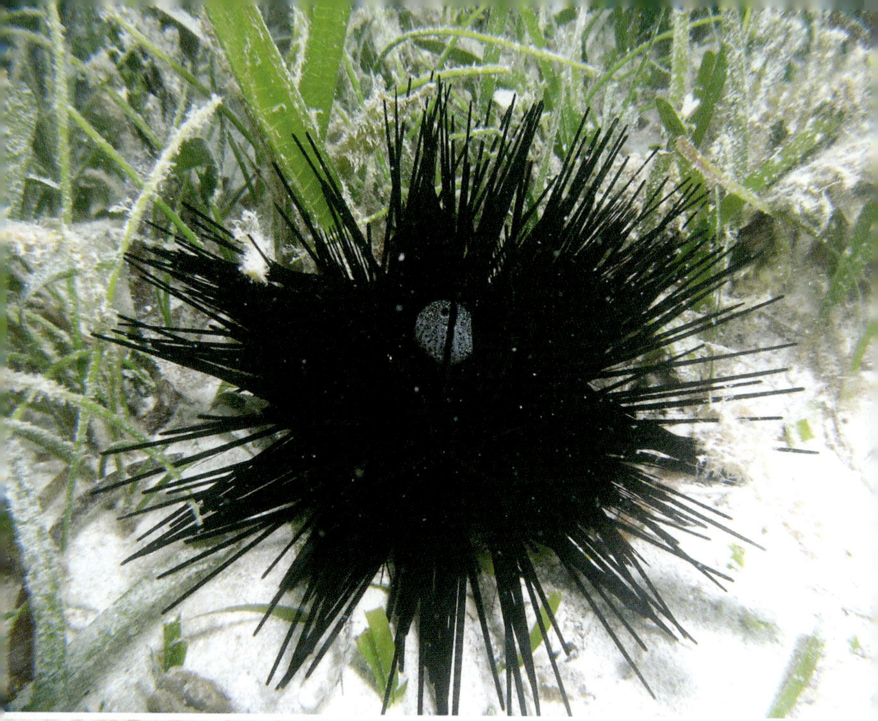

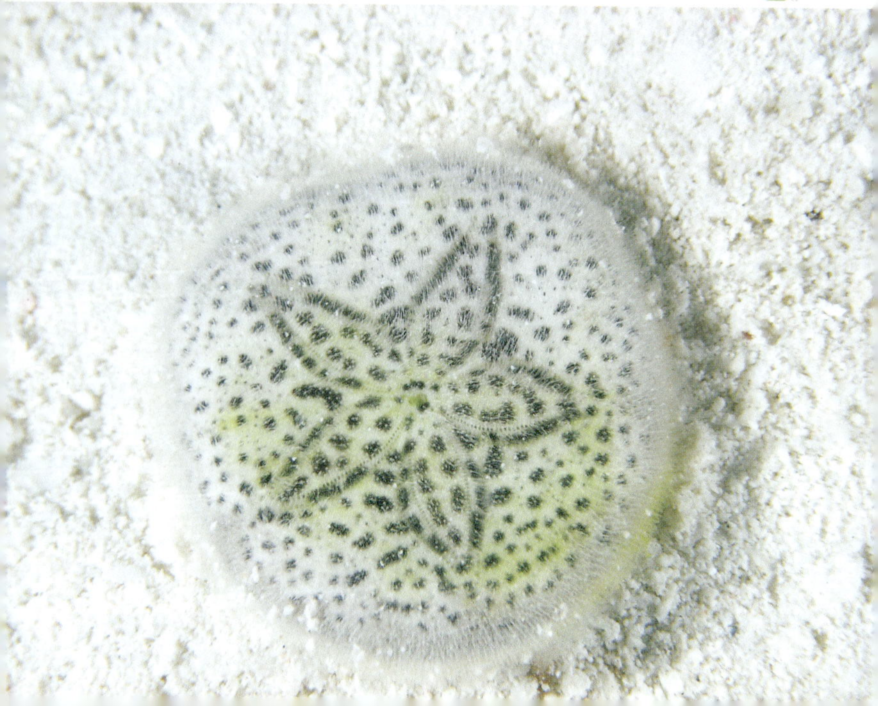

◁△ 밤에 활동하는 바다생물

1~2 성게류

3~4 갑각류

5~6 고둥류

7 불가사리류

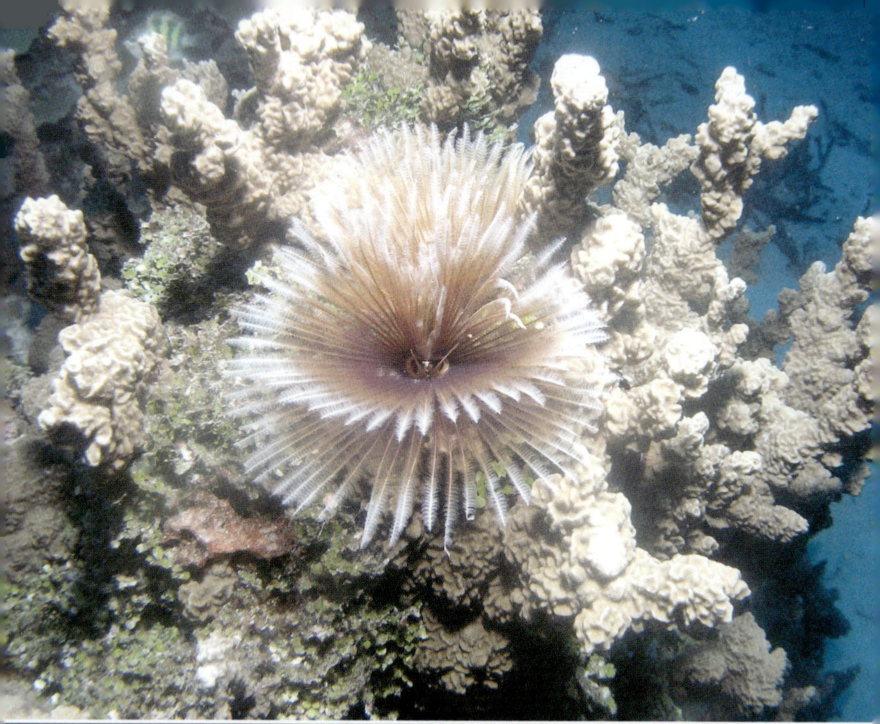

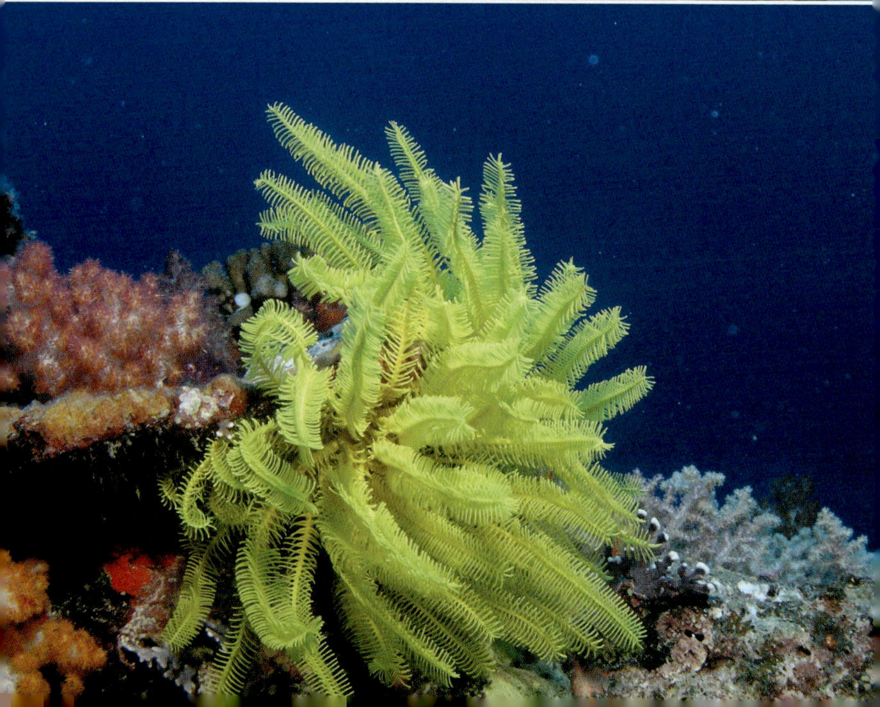

립을 활짝 펼쳐 모든 크기의 플랑크톤을 무차별적으로 걸러 낸다.

◁ 산호 알을 먹는 ^위 석회관갯지렁이와 ^{아래} 바다나리

8부 산호초에서 살아남기
–다양한 생존 전략

산호초에 사는 생물들은 바닥에서 부스러기를 먹는 동물에서부터 움직이지 못하는 해면, 번개처럼 빠른 바라쿠다(꼬치고기)와 상어에 이르기까지 무척 다양하다. 이들은 먹고 먹히는 관계 속에서 살아남기 위해, 또한 먹이를 더 잘 잡아먹기 위해 치열한 경쟁을 벌이면서 다양하게 진화해 왔다.

산호초의 생물들은 먹이를 잡아먹기 위해 독, 날카로운 이빨, 빨아들이는 입이나 빨판 등의 무기를 가지거나 주변과 같은 색으로 위장하기 등의 방법을 사용하며, 시각이나 후각 또는 전기 감각이 발달한 종류도 있다. 산호초 지역에서 생물들이 먹이를 얻기 위해 사용하는 다양한 방법은 크게 다음과 같이 나눌 수 있다.

강력한 힘으로 직접 공격하기

산호초 지역에는 50여 종의 상어가 살고 있다. 많은 물고기가 알을 낳기 위해 산호초로 모여들어 다른 어느 곳보다도 먹이를 쉽게 구할 수 있기 때문이다. 이 상어들 중에는 영화에 나온 죠스(백상아리)와 같은 사나운 종류도 있지만, 대부분이 자기보다 작은 물고기를 잡아먹는 조심성 많은 종류이다. 상어는 먹이를 발견하면 그 주변을 돌면서 먹이의 모양이나 행동을 관찰한다. 그 다음에 충분히 잡아먹을 수 있다고 생각되면 먹이의 뒤쪽이나 어두운 곳에서 갑자기 공격한다. 한 번 물면 절대로 놓지 않는 겹겹이 구부러진 이빨과 단단한 턱 덕분에 일단 먹이를 물면 바로 잡아먹을 수 있다. 상어는 이렇게 강력한 무기를 가지고 있지만 자기보다 큰 생물이나 단단하게 생긴 생물은 아무리 배가 고파도 절대 공격하지 않는다. 상어는 시각이 퇴화된 대신 후각이 무척 발달되어 있는데, 예민한 후각으로 산호 아래에 숨어 있는 물고기를 쉽게 찾아낸다. 이 때문에 숨어서 움직이지 않는 물고기라도 안전하지 못하므로 많은 물고기는 사나운 상어의 머리가 닿지 않을 만한 곳에 자신을 꼭꼭 숨긴다. 특히 상어의 후각은

△ 산호초 주변의 상어. 상어는 주로 혼자 살아가지만 먹이가 나타나면 집단으로 공격하기도 한다.

피에는 더욱 민감해, 올림픽 규격의 수영장만 한 곳에 한두 방울의 피만 떨어져도 냄새를 맡고 몰려들 정노이다.

　바라쿠다는 무리를 지어 다니면서 먹잇감으로 보이는 물고기 떼를 만나면 서로 협력해 단단한 이빨로 닥치는 대로 공격한다.

은근슬쩍 다가가기

　문어는 새우나 게 같은 갑각류를 좋아한다. 그러나 물렁물렁한 몸으로 빠르게 이동하지 못하므로 먹이를 찾아

△ 바라쿠다는 수심이 얕은 곳에서 집단으로 살아간다.

돌아다니기보다는 몸의 색깔을 주변과 똑같이 만들어 먹이를 기다리는 방법을 사용한다. 문어의 위장술이 얼마나 뛰어난지 바위 주변에 문어가 있는 경우 바위와 구별하기가 매우 어려울 정도이다.

문어는 일단 먹이가 나타나면 다리 하나를 길게 뻗은 채 살금살금 접근한 후 잽싸게 먹이를 감싸서 몸 쪽으로 끌고 간다. 순식간에 벌어진 일이라 잡혀 버린 게나 새우는 꼼짝없이 당하게 되며, 집게로 공격해 봐도 말랑말랑

△ 문어는 산호초 주변에서 가장 영리한 동물이며 위장술이 뛰어나다.

한 문어 다리는 쉽게 잘리지 않는다. 혹시 잘리더라도 문어는 한 달 정도 지나면 새로운 다리가 만들어진다.

네온등 같은 다양한 빛으로 호기심 만들기

오징어는 매우 독특한 동물이다. 열대 바다에 사는 갑오징어처럼 얕은 산호초 지역을 혼자 헤엄쳐 다니면서 살아가는 것이 있는가 하면, 대왕오징어처럼 깊은 바다 속에서 사는 것도 있다. 오징어는 먹이가 나타나면 몸에서 네온등 같은 반짝반짝한 빛을 내어 먹이를 혼란스럽게 만든 다음에 아주 천천히 먹이 쪽으로 접근한다. 그런 뒤 두 개의 다리를 이용해 순식간에 먹이를 잡는다. 이들은 입

△ 왼쪽 다양한 빛으로 먹이를 유인하는 갑오징어, 오른쪽 오징어의 먹잇감인 새우는 대부분 야행성이다.

이 크게 늘어날 수 있어, 자기 몸통만 한 물고기나 바닷가재도 통째로 한입에 삼킬 수 있다.

새우와 같은 작은 갑각류는 자기보다 더 작은 동물을 유인하기 위해 빛을 내는데, 눈이 큰 데다가 밤에도 활동하는 오징어에게 쉽게 발각되어 오히려 잡아먹히는 경우도 있다.

무기 사용하기

산호초 주변에서 살아가는 동물들은 제각기 다양한 무기를 가지고 있다. 독이 든 작은 침을 발사해 먹이를 마비시킨 후 잡아먹는 방법이 대부분인데, 먹이가 사정거리 안에 들어와야 하므로 먹이가 있는 곳까지 접근하는 것이 가장 중요하다. 생물을 마비시키는 독은 모든 생물에 똑같이 작용하는 것이 아니라 자기가 좋아하는 먹이에만 작용하기도 한다. 뿔산호 중에도 강력한 독을 지닌 것이 있으며, 예쁜 모양 때문에 열쇠고리로도 사용되는 청자고둥은 강한 독침으로 물고기뿐 아니라 사람까지 기절시키거나 심지어 죽이기도 한다.

독침 외에 강한 무기를 가진 동물은 게일 것이다. 게는 집게를 사용해 먹이를 때리거나 잘라서 잡아먹는 동물로, 열대 지방에 사는 맹그로브게나 코코넛게(야자게)의 경우 사람 손가락도 부러뜨릴 수 있는 강한 집게를 가지고 있다.

또 하나의 강력한 무기로는 전기 감전이 있다. 산호초 지역에 사는 전기가오리는 몸 전체에서 전기를 만들어 꼬

1	2
3	4

△ 무기를 사용하는 산호초 주변의 생물들
1 예쁘지만 강력한 독을 가진 청자고둥 2 강한 집게를 가진 맹그로브게
3 나무젓가락을 부러뜨리는 코코넛게 4 강한 전기를 만들어 내는 전기가오리

리에 있는 침으로 먹이를 감전시킨 후 잡아먹는다. 이 정도의 전기라면 사람도 충분히 기절시킬 수 있다.

몰래 숨어 있기

아름다운 산호초는 그 모양이 미로처럼 복잡해 가까이 다가가면 무슨 생물이 어떻게 공격할지 모른다.

숨어 있는 대표적인 물고기로 곰치를 꼽을 수 있는데, 곰치의 강력한 이빨에 물리면 사람도 큰 상처를 입을 수 있다. 돌고기는 주변의 산호초 색깔과 똑같은 색으로 바꿀 수 있으므로 자세히 보지 않으면 구분하기 어렵다. 돌고기는 피부에 강한 독을 가지고 있으며, 이빨로 물기도 한다.

산호의 폴립 주변에는 산호와 똑같은 색깔을 가진 게와 새우가 살고 있는데, 이들은 폴립에 걸린 찌꺼기를 먹으며 살아간다. 산호뿐 아니라 덩치가 큰 해삼이나 불가사리에도 이들과 똑같은 색깔을 지닌 작은 물고기나 게, 고둥 등이 살기도 하는데 어떤 종류는 투명해서 눈에 잘 보이지 않는다.

△ 산호초 주변에 숨어서 먹이를 기다리는 ^위 곰치와 ^{아래} 돌고기

△ 주변 색과 같은 색을 띠며 숨어서 살아가는 생물들
1 돌고기류 **2** 주홍토끼고둥 **3~4** 새우류

나를 잡아먹어 봐!

산호초에 사는 갯민숭달팽이, 푸른고리문어와 같은 동물은 작고 물렁물렁한 피부와 눈에 잘 띄는 예쁜 색깔을 가지고 있다. 이들은 처음 보면 매우 약하게 생각되어 쉽게 잡아먹을 수 있을 것 같다. 하지만 아름다운 색깔과 모양은 적에게 자신이 독을 지니고 있다는 것을 나타내며, 위장을 하는 데에도 유용하다.

갯민숭달팽이의 경우 독이 든 산호의 촉수를 먹는데, 먹은 촉수를 바로 소화하지 않고 몸속에 저장하고 있다가, 적이 공격하면 그 촉수의 쏘기세포를 무기로 삼아 공격한다. 하지만 갯민숭달팽이의 몸속에 든 쏘기세포는 불과 3~4일 정도만 독을 가진 무기로 사용할 수 있으며, 이후에는 녹아서 영양분으로 흡수된다. 따라서 갯민숭달팽이가 무기를 지니려면 계속해서 산호 촉수를 먹어야 한다.

먹이가 공격 거리 안에 들어올 때까지 해조처럼 떠다니면서 몸을 숨기는 쏠배감펭도 자신을 방어할 때에는 독이 있는 가시를 사용하는데, 이 가시에 찔리면 사람도 기절하거나 죽기까지 한다.

△ 형형색색의 모습에 쏘기세포를 감춘 갯민숭달팽이

△ 지느러미에 강한 독을 지닌 쏠배감펭

서로 도우며 살기

말미잘과 흰동가리는 서로 도움을 주고받으며 사는 공생 관계이다. 흰동가리는 자기가 먹고 남긴 먹이를 말미잘에게 제공하고, 그 대가로 말미잘은 흰동가리에게 적으로부터 안전하게 숨을 수 있는 공간을 제공해 준다.

크기가 작은 청소놀래기는 다른 물고기의 몸을 청소해 주며 산다. 청소놀래기는 한곳에 살면서 자신이 청소를 해 준다는 것을 춤을 추어 알린다. 청소놀래기의 춤을 보고 물고기들이 몰려드는데, 작은 물고기에서부터 능성어와 쥐가오리, 상어까지 찾아든다. 다양한 손님들은 청소놀래기가 안심할 수 있게 수동적인 자세를 취해 주고, 청소놀래기는 손님의 아가미나 피부, 입 주위에 있는 먹이 조각이나 죽은 피부, 곰팡이, 기생충 같은 것을 뜯어 먹는다. 청소놀래기는 먹이를 얻고 청소를 받은 물고기는 몸이 깨끗해지므로 서로가 도움을 주고받는 것이다. 청소놀래기뿐만 아니라 산호초의 다른 생물들도 청소부 역할을 한다. 일부 새우는 곰치의 이빨을 청소해 주고, 베도라치와 쥐치류는 거북 등에 달라붙은 해조류를 뜯어 먹어 청소해 준다.

△ 영화「니모」로 잘 알려진 흰동가리

△ 성게의 가시 사이에 공생하는 새우와 고둥

△ 산호초 주변의 청소부인 위 청소놀래기(사진에서 작은 물고기)와 아래 망둑어

산호에서 만들어지는 먹이 먹기

산호초 지역에 사는 물고기의 대부분은 산호의 폴립이나 알을 먹고 산다. 산호의 작은 폴립을 뜯어 먹기 위해 어떤 물고기들은 마치 핀셋처럼 뾰족하고 긴 주둥이를 가

지고 있다. 그런가 하면 이빨이 앵무새의 부리와 비슷하게 생겨 '앵무고기'라고도 불리는 파랑비늘돔은 강한 이빨로 산호 자체를 잘라 내 으적으적 씹어 먹기도 한다.

산호는 많은 양의 알을 낳지만, 그 대부분이 물고기의 먹이가 되고, 매우 적은 양만 산호가 되어 자란다. 앞서 말했듯이 산호의 알은 다른 바다 동물들에게는 아주 영양가 높은 먹이 중 하나이다.

산호초의 생물들은 적으로부터 살아남기 위해 위장, 독, 가시 같은 다양한 방어 무기를 가지고 있다. 그러나 이도 저도 없는 생물은 산호초의 갈라진 틈새에 숨어서 간신히 살아간다. 이들은 위험을 무릅쓰고 나왔다가도 자신을 잡아먹으려는 적을 만나면 눈 깜짝할 사이에 도망친다.

9부 산호의 천적들

산호초는 많은 생물이 살아갈 수 있도록 먹이를 제공하고 서식처를 만들어 준다. 하지만 생물들은 여기에 만족하지 못하고 산호를 직접 먹어 치우거나 구멍을 내어 산호를 괴롭히기도 한다. 대표적인 생물이 쥐돔류와 해삼, 갯지렁이류, 산호초에 사는 조개류, 가시왕관불가사리 등이다.

산호초에는 다양한 해삼이 살고 있는데, 직접 산호를 먹지는 않지만 촉수로 산호 주변에 사는 미세한 해조류를 갉아 먹는다. 이 때문에 산호 표면에 상처를 남기게 되고 산호가 죽기도 한다.

갯지렁이는 산호 표면에 구멍을 파고 같이 공생하려고 애를 쓴다. 하지만 산호에게 영양분을 공급하면서 공간 사용료를 지불하는 갈충조류와 달리, 갯지렁이는 오히려 산호 몸속으로 물속을 떠다니는 세균이 들어가게 만들기도 한다. 조개도 마찬가지이다. 홍합과 비슷하게 생긴 산호살이조개는 산호 표면에 둥근 구멍을 만들어 몸을 숨기고 살아간다. 산호살이조개는 몸집이 점점 커지면 산성 물질을 내어 산호를 녹여서 공간을 더 넓힌다. 그러나 이런 동물들은 직접적으로 산호를 죽음으로 몰기보다는 산호가 살아가는 데 신경이 쓰이는 성가신 존재일 뿐이다.

산호의 가장 무서운 적은 가시왕관불가사리이다. 가시왕관불가사리는 산호의 가장 강력한 천적이며 산호초를 황폐화시키는 생물로 악명이 높다. 가시왕관불가사리는 크기가 보통 25~35센티미터 정도지만, 80센티미터나 되는 것이 발견된 적도 있다. 산호초에 나타난 가시왕관불가사리는 먼저 몸 중앙에 있는 입을 통해 몸속의 위를 밖으로 내밀어서 산호를 덮어 질식시켜 버린다. 그런 다음 위에서 산호 조직을 분해하는 효소를 분비해서 산호의 촉수 부분을 녹여 먹어 치운다. 이 모든 과정은 불과 4~6시간밖에 걸리지 않는다. 가시왕관불가사리가 지나간 뒤, 산호의 몸은 회색으로 변하고 일주일쯤 후에는 산호초가 마치 마른 들판처럼 황량해진다.

△ 산호초 주변에서 먹이를 먹는 해삼

1	2
3	4

△ 산호의 몸에 의지하는 생물들

1 석회관갯지렁이 2 열대 홍합

3 성게 4 산호살이조개

산호초에 일정 수 이상의 많은 가시왕관불가사리가 한꺼번에 모이면 최대 90퍼센트의 산호를 죽일 수 있다. 이들이 사라지고 나면 산호초는 황폐해진 채로 있다가 오랜 시간이 지나서야 죽은 산호 위에 새로운 어린 산호 폴립이 붙으면서 다시 산호가 자라게 된다.

가시왕관불가사리는 사슴뿔산호 같은 나무 모양의 산호를 좋아하지만, 좋아하는 먹이가 부족하면 연산호나 해조류를 먹기도 한다.

자연 생태계는 다양한 생물이 먹고 먹히는 관계 속에서 적절한 개체수를 유지하는데, 가끔 생태계의 균형이 깨지면서 특정 생물이 폭발적으로 증가하기도 한다. 기록에 따르면 1960년대와 1985년에 아시아 태평양 지역에서 가시왕관불가사리의 대발생이 있었다. 과학자들은 이런 현상이 자연적인 것인지 인간에 의한 것인지 아직 정확하게 판단을 내리지 못하고 있지만, 크게 두 가지 원인으로 추측하고 있다.

먼저 가시왕관불가사리의 대발생을 생태계의 적절한 균형이 깨지면서 일어난 현상이라고 보는 설이다. 원래 육지에서 멀리 떨어진 넓은 바다에 있는 산호초 지역의

△ 가시왕관불가사리가 산호를 먹는 모습. 오른쪽 아래 사진은 오징어 빨판 같은 역할을 하는 가시왕관불가사리의 관족이다.

바닷물은 영양염류가 적어, 가시왕관불가사리 유생의 먹이인 식물플랑크톤의 숫자가 적은 편이다. 그런데 육지에서 흘러드는 지나친 영양분으로 식물플랑크톤이 늘어나면 이것을 먹이로 하는 가시왕관불가사리 유생의 생존율이 높아지고, 따라서 가시왕관불가사리 수는 증가하게 된다.

또 다른 설은 수익성만을 생각한 사람들이 가시왕관불가사리의 천적을 무분별하게 잡아들여 가시왕관불가사리의 대발생을 불러왔다고 보는 것이다. 산호초에 치명적인 피해를 입히는 가시왕관불가사리에게도 천적이 있는데, 바로 나팔고둥이다. 나팔고둥은 근육질의 발로 가시왕관불가사리를 누른 다음 치설(톱처럼 생긴 기관)로 몸을 자르고, 긴 주둥이를 가시왕관불가사리의 살 속으로 집어넣어 부드러운 조직을 먹어 치우는 무서운 천적이다. 나팔고둥은 독특한 모양으로 인해 오래전부터 나팔이나 기념품으로 만들어졌다. 물고기 중에서는 쥐돔류가 어린 가시왕관불가사리를 먹는 천적이다. 이들은 주로 어린 가시왕관불가사리를 집중적으로 먹는데, 가시왕관불가사리의 몸을 뒤집은 다음 가시가 짧고 덜 날카로운 아래쪽부터 공격한다.

　그러나 가시왕관불가사리보다 더 무서운 산호의 천적은 아마 인간일지도 모른다. 아름다운 산호를 그저 지켜 보지 못하고 떼어 내는가 하면, 물고기 몇 마리를 잡기 위해 산호를 부수거나 심지어 다이너마이트와 마취제를 사용해 산호를 죽이기도 한다. 바닷가를 메우기 위해 맹그로브 숲을 없애 버리거나, 여러 가지 화학 물질을 바다에 함부로 버리는 행동은 우리가 알지 못하는 사이에 산호에게 치명타를 가한다. 또한 열대 지역에서는 건물을 짓는 데에도 산호를 사용한다. 산호 덩어리를 벽돌처럼 이용하고, 산호모래를 일반 모래 대신 시멘트와 섞기도 하는 것이다.

▽ 왼쪽 나팔고둥은 불가사리를 잡아먹으며 산다. 오른쪽 건축 재료로 쓰이는 산호모래

10부 산호의 번식

　산호는 정자와 알(난자)이 수정되는 유성생식과 수정이 이루어지지 않은 상태에서 알이 바로 어린 산호가 되거나 폴립이 둘로 나누어지는 무성생식, 두 가지 방법으로 번식을 한다. 번식 방법은 산호 종류에 따라 또는 주어진 환경에 따라 다양하다. 산호는 일 년에 여러 번 알을 낳는 것으로 알려져 있지만, 일반적으로 유성생식은 일 년에 한 번 정도 진행된다.

　산호는 폴립에서 정자와 알이 만들어지며, 대부분의 산호는 암수한몸이기 때문에 같은 폴립에서 정자와 알이 모두 만들어진다. 정자보다 만드는 데 시간이 오래 걸리는 알은 산란할 시기에 맞춰 산호 폴립 속에서 자라기 시작한다. 처음에는 알이 하얀색이지만, 시간이 지나면서 오렌지색, 분홍색, 빨간색, 자주색, 파란색, 녹색 등 다양한 색깔을 띤다.

　일정한 때가 되면 산호는 폴립에 알과 정자 덩어리를 품고 있다가 동시에 뿜어낸다. 그러면 작은 공처럼 보이는 알은 하나씩 흩어져 나와 물속을 떠다니고, 정자는 물속에서 떠오르면서 거대한 연막을 형성한다. 이때 산호의 알 색깔 때문에 바닷물 색까지 변하기도 한다. 몸 밖으로 나온 정자는 같은 종의 다른 산호로부터 온 알을 찾아 떠

다닌다.

　다른 군체에서 나온 정자에 의해 수정된 알은 가는 털이 있는 플랑크톤 상태로 떠다니면서 오랫동안 생존할 수 있지만, 대부분 다른 생물의 먹이가 되기도 한다. 이때 살아남은 것들은 산호초나 바위 같은 단단한 물체에 붙어 자라기 시작한다. 그리고 1주일쯤 지나면 위에 격막이 생기고, 2주일쯤 지나면 촉수가 있는 폴립의 형체를 갖추게 된다.

◁△ 산호의 산란
1~2 산호가 산란하는 모습
3 산호의 알. 알의 크기는 0.01~0.5밀리미터로 산호의 종류에 따라 다양하다.

△ 어린 산호가 산호초나 바위에 붙어 있는 모습

산호는 움직일 수 없어서 짝을 찾으러 다니지 못한다. 그래서 멀리 떨어져 있는 군체들의 알과 정자가 수정되기 위한 효과적인 번식 전략으로 산란 시기를 정확하게 조절한다. 산호는 다 같이 동시에 산란함으로써 일부는 다른 생물에게 먹히더라도 결과적으로는 많은 개체가 살아남을 수 있다.

산호의 산란을 조절하는 조건은 수온과 달(月)이라고 알려져 있다. 산란하기 위해서는 이 두 가지 조건이 모두 알맞아야 한다. 산호는 주로 보름달 뒤 두 번째 날과 일곱 번째 날 사이의 하루를 택해 밤 동안에 산란을 한다. 포식자들이 활발하게 활동하는 낮보다 상대적으로 안전한 밤에 산란을 하는 것이다. 그리고 보름달이 뜬 뒤 빨라진 물의 흐름은 알과 정자가 수정될 확률을 높여 주며, 수정된 알을 포식자가 많은 산호초로부터 멀리 보낼 수 있게 한다. 이처럼 조류의 흐름을 조절하는 달과 어두운 밤은 산란에 중요한 역할을 한다.

하지만 열대 해역은 수온의 변화가 거의 없기 때문에 작은 온도 변화에도 산호는 매우 민감하다. 갑작스럽게 수온이 변하면 산호는 바로 가지고 있던 알을 방출하기도 한다.

뿔산호류에 속하는 포리테스산호는 암수한몸이 아니다. 포리테스산호 암컷은 수백만 개의 알을 방출하고, 수컷은 드라이아이스에서 나오는 기체나 안개처럼 보이는 정자를 방출한다. 또한 일부 수컷 포리테스산호의 정자는 성숙한 알을 가지고 있는 암컷 포리테스산호에게로 헤엄쳐 가 수정되며, 암컷 포리테스산호는 수정된 알을 몸속에 품고 있다가 유생 단계가 되면 몸 밖으로 내보내기도 한다.

산호의 무성생식에는 출아법과 이분법, 두 가지가 있다. 이 중 출아법은 어미 산호의 몸에서 싹이 나는 것처럼

△ 위 산호가 위로 싹이 나듯 자라고 있다. 아래 사진 가운데의 산호 폴립이 둘
로 나누어지면서 새로운 산호가 자라고 있다(이분법).

새끼가 만들어지는 방법이고, 이분법은 하나의 폴립이 몸을 둘로 나누어 새 개체를 만드는 방법이다.

산호는 언제 지구상에 나타났을까? 산호의 출현을 알기 위한 가장 좋은 방법은 그 흔적을 찾아보는 것이다. 아주 오래전에 살았던 동식물의 유해나 흔적이 지층 속에 남아 있는 것을 화석이라고 한다. 산호의 경우 단단한 탄산칼슘으로 구성되므로 다른 생물에 비해 많은 화석이 남아 있는 편이다. 산호 화석은 우리나라뿐만 아니라 세계 여러 곳에서 많이 발견된다.

산호는 수심이 얕고 따뜻하며, 깨끗하고 잔잔한 바다에서 주로 살기 때문에 만약 20만 년 전의 지층에서 산호 화석이 발견되었다면, 그 지층은 과거에 수심이 얕고 따뜻한 바다였음을 알 수 있다. 이렇게 특정한 환경에서만 생존하므로 지층이 만들어진 환경을 알려 주는 화석을 시상화석이라고 한다. 산호 화석은 대표적인 시상화석으로, 주로 생존 당시 바다의 온도와 깊이를 짐작하는 데 쓰인다.

　산호 화석을 조사해 보면 산호가 얼마나 오래된 생물인지를 알 수 있다. 지금까지 발견된 화석을 살펴보면 산호는 약 4억 5천만 년 전부터 지구상에 살아온 생물로 추정된다. 즉, 산호는 아주 오래전부터 살아온 생물임을 알 수 있다. 이때의 산호는 사방산호라고 불리는 원시 산호인데, 현재의 산호와는 모양이 달랐으며 지금은 멸종되고 없다. 우리가 바다에서 보는 산호의 조상은 약 3억 5천만 년 전부터 나타난 것으로 알려져 있다. 당시의 산호는 지금의 산호와 생김새가 조금 다르며, 시간이 흐르면서 다양한 모양으로 진화해 오늘날에 이르게 되었다.

　지구상에는 6,000여 종의 산호가 살아가는데, 산호는 바다에서만 살고 강이나 호수와 같은 민물에서는 발견되지 않는다. 이 중 열대 바다의 산호초를 이루는 산호는 700여 종으로 알려져 있다.

△ 석회암으로 변해 가는 산호의 모습

△ 육지에서 발견된 산호 화석. 이 화석이 발견된 지역은 산호가 생존하던 당시에는 따뜻하고 얕은 바다였음을 알 수 있다.

12부 보기보다
약하고 민감해요

산호는 수심이 얕고 따뜻한 바다에 살기에 사람들은 오래전부터 산호초 주변에서 많은 물고기를 잡아먹고, 아름다운 산호를 캐내 보석이나 장신구로 만들어 왔다. 이런 까닭에 산호는 늘 파괴 위험에 놓여 있다.

산호는 움직이지 못하는 특성이 있고 변화된 환경에 대한 적응력이 떨어지므로 사는 곳의 환경이 나빠지면 오래 견디지 못하고 금방 죽어 버리고 만다. 많은 산호가 몸속의 갈충조류에게서 영양분을 공급받는데, 바다의 오염으로 갈충조류가 스트레스를 받거나 산호에서 이탈해 버리면 산호는 더 이상 성장할 수 없게 된다.

인구가 늘어나면서 사람들은 농사를 짓거나 집을 지을 새로운 땅이 필요하게 되었다. 그래서 땅을 넓히기 위

△ 오래전부터 산호초 지역의 생물들을 이용해 온 사람들은 산호에게 매우
위협적인 존재이다.

해 접근하기 쉬운 산호초 지대와 그 근처의 맹그로브 숲
과 잘피 밭을 메우기도 한다. 그 결과 비가 올 때 육지에
서 바다로 흘러들어 가는 많은 양의 흙탕물은 바닷물을
탁하게 만든다. 또한 많은 사람들이 흘려보내는 생활하수
와 공장에서 내보내는 화학 물질도 바닷물을 오염시켜 산
호가 살아가는 환경을 파괴한다. 나라 간의 무역이 발달
하면서 화물선이나 유조선의 크기도 점점 거대해지고 있
다. 그런데 대형 선박 사고, 특히 좌초된 배나 유조선에서

새어 나온 기름은 엄청난 규모의 산호초를 파괴하며 오랫동안 회복이 불가능하게 만든다.

세계적인 환경문제 연구 단체인 월드워치연구소는 『지구환경보고서 2001』이라는 책에서 기후 변화에 따른 지구 온도의 상승은 물 부족, 식량 생산의 감소로 이어질 것이라고 전망했다. 지구 온도 상승은 지구 생태계에도 영향을 미치고 있는데, 산호초의 경우도 21세기에 들어서면서 27퍼센트가 상실되었다고 밝혔다.

환경 단체인 그린피스는 가속화되는 지구온난화가 21세기 초에 오스트레일리아의 대보초를 파괴할 수도 있을 것이라고 예언했다. 또한 시드니 대학교 생물학 교수 골드버그도 "전 세계적으로 증가하고 있는 백화 현상이 2030년까지 매년 발생할 것이며, 오스트레일리아의 대보초는 2040~2050년에 황폐화될 것"이라고 진단했다. 이런 문제를 해결하고자 많은 과학자들은 산호초 공동 연구를 통해 국제적으로 산호초를 보호하고 복원하는 데 노력을 기울이고 있다. 하지만 이런 노력에도 불구하고 개발 논리를 앞세운 사람들에 의해 산호초는 여전히 위협을 받고 있다.

지구온난화는 왜 산호초를 위협하는 주요 요인이 되는 것일까? 지구의 온도가 높아지면 당연히 바닷물의 온도도 높아지고, 이로 인해 극지방의 얼음이 녹아 해수면이 상승한다. 이런 환경 변화는 기상에도 영향을 미치면서, 적도와 남·북위 5도 사이에 형성된 무풍無風 지대에서도 태풍 등 열대 저기압이 발생하게 된다. 이렇게 강한 태풍은 수심이 얕은 곳에서 살아가는 산호초를 심각하게 파괴시킨다. 즉, 바람에 의한 높은 파도는 산호초가 성장하는 것을 방해하며, 많은 양의 소나기는 바닷물의 염분과 화학 성분을 변화시키는 등 환경에 영향을 줄 수 있다. 만일 파도의 힘을 감소시키는 완충지 역할을 하는 환초가 사라지면 섬이나 열대 지역 연안은 심각한 영향을 받게 된다. 실제 2004년에 인도네시아 부근에서 발생한 쓰나미(지진 해일)는 남아시아와 동아프리카 해안 지방에 엄청난 인명 피해를 불러왔다. 심각한 피해를 입은 대부분의 나라는 리조트 등의 위락 시설을 만들기 위해 무분별하게 산호초와 맹그로브 숲을 파괴해 그 피해를 더 키웠다는 분석이 나오고 있다.

또한 화석연료를 사용하면 대기 중 이산화탄소의 양

1	△ 태풍에 의해 파괴된 후 다시 살아나는 산호
2	**1** 태풍이 발생하기 전 산호초
	2 태풍이 지나간 후 파괴된 산호초
3	**3** 파괴된 산호초 지역에서 다시 자라는 산호들

이 증가하면서 지구온난화가 심해지고, 바닷물에 용해되는 이산화탄소도 증가한다. 산호가 성장하려면 이산화탄소가 필요하지만 이처럼 과다한 이산화탄소는 산호의 이상 성장을 초래해 산호초의 균형을 위협한다.

오존층 변화도 산호에게 치명적이다. 구멍 난 오존층을 통해 들어오는 지나치게 많은 자외선은 산호 몸속의 갈충조류를 파괴해 산호의 성장을 억제한다.

한편 산호가 탈색되어 죽어 가는 백화 현상은 아직까지 정확한 원인을 파악하지 못하고 있지만, 환경오염이나 지구온난화에 따른 바닷물의 온도 상승도 백화 현상의 원인 중 하나라고 추측하고 있다.

산호초의 아름다움을 감상하려는 인간 활동도 산호초에게는 심각한 영향을 미치고 있다. 휴양지로 유명한 미국 플로리다 주의 해안은 세계에서 가장 북쪽에 위치한, 총 길이 40여 킬로미터에 달하는 산호초가 있어 주립 공원으로 지정되었다. 그런데 이곳에 매년 400만 명이 넘는 사람들이 모여들면서 산호초가 심각하게 훼손되고 있다.

△ 산호의 백화 현상

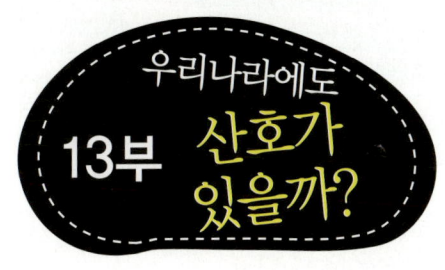

우리나라에도 13부 산호가 있을까?

계절의 변화가 뚜렷한 우리나라 바다에도 산호가 있을까? 여름철에 바닷가에서 물안경을 끼고 물속을 들여다보면, 해조류가 무성한 바다에서는 산호를 거의 볼 수 없다. 그러나 울릉도, 독도, 백령도, 제주도 앞바다 등 우리나라 바다에서도 적은 수이지만 산호가 살고 있다.

우리나라에는 현재 137종의 산호가 살아가는 것으로 알려져 있으며, 그 수는 점점 늘어나고 있다. 탁한 바다로 알려진 서해에서도 7종, 동해에서는 12종이 발견되었다. 제주도에서는 97종의 산호가 살고 있는 것으로 밝혀졌다. 이들 대부분은 따뜻한 지역인 제주도 남쪽 서귀포 앞바다를 중심으로 발견된다. 우리나라에서도 심해 산호가 발견되지만 아직 정확한 연구는 진행되고 있지 않다.

◁ △ 우리나라 바다에
서 살아가는 산호들

1 연산호류

2 해송

3~4 돌산호류

5~6 진총산호류

7 가시산호류

△ 독도 바다에 있는 산호 군락으로, 위 곤봉바다딸기와 아래 부채뿔산호이다.

제주도를 제외하면 우리나라에 살고 있는 산호는 열대 바다에 사는 산호처럼 성장이 빠르지 못하며, 여기저기서 발견되는 것이 아니라 주로 어둡고 물의 흐름이 빠른 지역에서 발견된다. 즉, 갈충조류의 광합성으로부터 영양분을 공급받기보다는 촉수를 사용해 먹이를 직접 잡아먹으면서 생활하는 것이다. 대부분의 산호는 양적으로 매우 적어서 1998년부터는 15종의 산호가 보호대상종으로 지정되었다.

제주도 서귀포시 남쪽에 위치한 문섬, 숲섬, 범섬 등지에는 연산호가 대규모로 서식하면서 연산호 생태계를 형성하고 있다. 이런 지역은 세계적으로도 매우 드물기 때문에 우리나라에서는 2002년부터 이 지역을 해양보호구역으로 보호하고 있으며, 유네스코 UNESCO 등에서도 관심을 보이고 있다. 하지만 수산업을 중

△ 우리나라 심해에 살고 있는 커다란 연산호로, 길이가 70센티미터에 이른다.

△ 제주도 남쪽 해역의 연산호 군락

△ 제주도 주변 바다의 수심 40미터 이상 깊이에서 서식하는 연산호

요시하는 지역 주민들에게는 아직까지 홍보가 제대로 이루어지지 않고 있다. 보호나 관리에 대한 선진국형 노력이 부족한 것이 아쉬울 뿐이다.

지금 제주도에서는 기후 변화의 영향으로 다양한 산호가 발견된다. 특히 무성하게 펼쳐진 해조 숲 사이로 돌산호류가 번식해 점차 살아가는 공간을 넓히고 있다. 나팔돌산호와 거품돌산호 등이 이미 터줏대감으로 자리를 잡았으며, 일본의 규슈 지역이나 대만 지역에서 관찰되는 조초산호가 보이기도 한다.

하지만 이런 산호의 번식은 해녀들에게는 오히려 반갑지 않다. 산호가 바위에 자리를 잡으면 해조류가 잘 자랄 수 없고, 해조류를 먹이로 하는 소라나 전복이 살아가기 어려운 환경을 만들 수도 있기 때문이다. 하지만 아름다운 산호초가 형성되면 곧이어 이 지역에서 살아가는 어류와 다른 생물이 찾아오기 때문에 생태계가 다양한 구성원으로 이루어질 수 있다. 그리고 다양한 생물이 살아가면 바다생물을 이용한 신약이나 새로운 소재를 개발하는 기회도 많아진다.

△ 연산호 주변에서 자라는 담홍말미잘과 어류. 이처럼 산호초 지역에서는 점
차 다양한 생물이 살아가는 생태계가 형성된다.

14부

산호가
우리에게
주는 선물

보석으로 사랑받아 온 산호

산호는 진주와 함께 바다에서 나는 보석으로 유명하다. 보석은 원래 아름다운 광물의 일종이지만, 산호와 진주는 생물이 만들어 내는 아름다움으로 인해 보석에 포함된다. 영어로 '코럴coral'이라고 부르는 산호는 침착·총명·용감을 뜻하는 보석으로, 옛날부터 사람들에게 많은 사랑을 받아 왔다. 불교의 경문에 나오는 칠보七寶 중에도 산호가 들어 있으며, 역사적으로도 산호는 가장 일찍 알려진 보석이다. 산호는 보석 중에서 경도(물질의 단단한 정도)가 약한 종류이므로 예전부터 산호를 이용해 정교한 조각품이나 세공품을 만들기도 했는데, 무른 만큼 흠집이 생기기도 쉽다.

중국인은 산호가 서양에서 처음 들어왔을 때 오랑캐의 나라에서 온 것이라 하여 '호도'라고 부르기도 했다. 중국은 땅의 대부분이 내륙에 속해 있어 산호를 쉽게 구할 수 없었다. 이런 까닭에 중국인에게는 산호가 무척 희귀한 물건이었다. 고대 중국과 인도에서는 콜레라의 예방약으로, 로마에서는 어린이의 이를 튼튼하게 해 주는 보석으로 믿었고 천재지변으로부터 인간을 지켜 주는 부적으로 사용되기도 했다.

이에 비해 유럽에서는 산호가 별로 알려지지 않았다. 유럽의 오래된 문헌에 산호가 옛날부터 장신구로 사용되었다는 기록이 남아 있기는 하지만, 그 가치를 높게 평가받아 보석으로 인정된 것은 비교적 근대의 일이다. 산업이 발달한 근대에 들어오면서 산호로 만든 각종 장신구가 선보이기 시작했으며, 20세기 초부터 산호의 고유한 색깔을 잘 살린 목걸이와 팔찌, 브로치 등이 인기를 얻었다.

우리나라에서도 옛날부터 산호를 부부의 금실을 두텁게 해 주는 보석으로 여겼다. 산호는 지금도 약혼이나 결혼 예물로 사랑받고 있다.

산호는 주로 맑고 따뜻하며 수심이 얕은 바다에서 서

식하지만 보석으로 가공되는 산
호는 수심이 깊은 곳에서 채취
한 것을 사용한다. 산호의 본고
장은 코르시카, 시칠리아 등이
위치한 지중해와 아프리카이다.
이 중에서도 지중해 연안에서
산출되는 산호가 품질 면에서
가장 높은 평가를 받는다. 지중

△ 산호는 다양한 보석으로 가공되어
사랑받고 있다.

해산 산호는 일찍부터 페르시아를 거쳐 실크로드를 통해
중국에까지 알려졌다.

사람들은 산호의 고유한 색깔에 따라 산호를 구분했
다. 흰색 산호는 수심 100~200미터에서 살며 바탕에 붉
은 줄무늬나 반점이 들어간 것도 있다. 산호 중에서는 값
이 싼 편이지만, 색깔은 상아와 비슷해 아름답다.

핑크 산호는 대개 수심 150~350미터에서 산다. 색깔
이 연해 동양에서는 비녀 같은 장신구로 이용했으며, 예
전에는 유럽에서 인기가 많아 값이 비쌌다.

흑색 산호는 따뜻한 바다의 20~60미터 깊이에 산다.
우리나라의 제주도 앞바다에서도 흑색 산호가 채취되고

있다. 흑색 산호는 소독약으로 사용되는 과산화수소수를 바르면 탄산염이 녹으면서 표면이 노랗게 변해 황금산호가 되는데, 이 성질을 이용해 글씨나 무늬를 표현하기도 한다.

붉은색 산호는 영어로는 '옥스블러드 레드Ox-blood Red', 즉 '소의 핏빛'이라고 한다. 수심 100~2,000미터에서 살며, 산호 중에서 색깔이 가장 진하다. 품질과 인기가 가장 높다.

자연과 생활 속에서 이용되는 산호

산호의 폴립 속에는 엄청난 숫자의 미세한 단세포 조류들이 서식한다. 이런 조류는 열대의 뜨거운 태양 에너지로 광합성 작용을 해서 바닷물 속에 녹아 있는 이산화탄소를 흡수하고 산소를 만들어 낸다. 국제자연보호연맹의 보고서에 의하면 산호초의 단위 넓이당 광합성 능력은 열대 우림보다도 뛰어나다. 또한 산호초에서는 이산화탄소를 이용해 석회암을 형성하므로 지구온난화의 속도를 늦춰 주는 역할도 한다. 지구상에서 60만 제곱킬로미터의 넓이를 차지하는 산호초는 사람들이 방출하는 이산화탄소의 10퍼센트 정도를 흡수하는 것으로 알려져 있다.

산호초 지역은 지난 3억 5천만 년 동안 바다생물의 은신처와 삶의 터전이 되어 주었다. 대양성 어류의 경우도 번식은 산호초 지역에서 하기 때문에 바다 생태계로서 산호초는 지구상의 어느 곳보다 높은 경제적 가치를 지닌다.

실제 700종 이상의 산호로 구성된 산호초 부근에는 4,000여 종의 어류가 서식하며 3만 종 이상의 무척추동물과 해조류가 산호와 함께 살아간다. '바다의 열대 우림'인 산호초는 바다생물의 4분의 1에게 서식처를 제공하며, 사람이 먹는 물고기의 20~25퍼센트가 산호초 부근에서 잡힌다. 생태경제학자인 코스탄자는 "산호초는 연간 3,750억 달러의 경제적·생태학적 가치를 인간에게 제공한다."라고 말한 바 있다.

또한 길이 10만 킬로미터에 달하는 지구상의 산호초는 전 세계 해안선의 15퍼센트를 보호하는 방파제 역할을 한다. 섬을 둥글게 둘러싼 환초나 대륙 부근의 보초는 대양에서 밀려오는 파도로부터 해안선을 보호하는 완충 지역 역할을 한다. 몰디브의 경우 해수면 상승으로 파괴되는 해안선 대체 방벽 건설을 위해 킬로미터당 1,000만 불

△ 풍요로운 산호초 환경

△ 새끼를 키우기 위해 산호초 주변으로 모여드는 돌고래

△ 자연 방파제 역할을 하는 환초

의 공사비를 지출한다는 것을 생각할 때 산호초의 역할이 얼마나 중요한지 알 수 있다.

산호는 우리 생활 속에서도 다양한 역할을 한다. 산호 덩어리의 미세한 구멍들은 수질을 깨끗하게 해 준다. 최초에 정수기를 만들 때에는 활성탄을 사용하기 전에 산호모래를 사용했으며, 지금도 어항 바닥에 산호모래를 깔아 놓는 이유가 여기에 있다.

이처럼 산호는 아름다움과 함께 다양한 가치를 가지고 있기 때문에 불경죄에 해당하는 사람이 산호 원석을 바치면 사면되었다는 기록이 있을 정도이다. 지금도 아프리카의 몇몇 나라에서는 중형을 받은 자가 산호 원석을 바치면 형벌을 면제해 주기도 한다.

또한 산호초는 인간의 휴식 공간으로 유형 및 무형의 가치를 지닌다. 실제로 산호초를 가진 국가의 경우 상당한 경제적 소득을 얻고 있는데, 카리브 해의 조그만 섬나라인 보네르의 경우 연간 2,300만 달러 정도의 소득을 산호초 관련 산업으로 벌어들이고 있다. 미국 플로리다 주의 경우 일 년 동안 850만 명에 달하는 스쿠버다이빙 인구가 휴가철에 산호초를 방문하며, 2005년에는 산호초 관련 관광으로 15억 달러를 벌어들였다고 한다. 즉, 산호초는 수산학적 가치와 더불어 레저 산업에 따른 엄청난 고용 효과도 불러온다. 이뿐만이 아니라 아름다운 산호초 경관은 사람들을 경이로운 세상으로 안내하므로 인간 정서 및 감성적 측면에서도 무한한 가치를 지니고 있다. 때문에 각 나라의 대표적인 수족관에는 항상 산호초 세상이 펼쳐져 있다.

△ 산호초 주변의 해안에는 다양한 휴식 공간이 만들어져 있으므로 많은 사람들이 이곳을 찾아온다.

인간의 미래를 지켜 주는 산호

산호는 오래전부터 다양한 치료제의 원료가 되었다. 산호 원석은 사람의 뇌에 쌓이는 피로 물질을 말끔히 세척해 주는 효과가 있어 '뇌 활성탄'이라고 불리기도 한다. 실내에 산호 원석 하나만 두면 습기를 적절하게 유지시켜 주며, 시신경의 피로 회복에 도움을 준다는 연구 결과도 있다. 침실에 어른 주먹 크기 정도의 산호만 두어도 숙면에 도움이 된다고 한다.

산호는 칼슘 성분이 풍부해 골다공증 같은 병을 치료하기 위한 건강보조식품으로 사용되기도 한다. 최근에 순도가 높은 산호를 가루로 만들어서 다양한 건강보조식품을 생산하고 있다. 산호의 몸체를 이루는 다공성 탄산칼슘은 오랫동안 인간의 뼈를 대신하는 재료로 사용되어 왔다.

또한 산호는 그 자체의 가치를 넘어 독특한 바다 생태계를 만들어서 우리에게 유익한 다양한 생물이 살아가는 공간을 만들어 준다. 이미 선진국에서는 산호초 생물로부터 인간의 신경계 질병을 진단하는 데 필요한 천연 물질을 추출하고 있다. 더불어 각종 암 치료제의 원료 대부분도 산호초 생물을 대상으로 연구 중이다.

현재 에이즈 감염자를 위한 치료제, 백혈병·피부암 치료제, 심장 박동 촉진제, 종양 성장 억제제와 신경 마비제 및 기타 스테로이드성 물질 등을 산호와 산호초에서 살아가는 생물들로부터 추출해 내고 있다. 미래에 산호초는 인간이 건강하게 살아가는 데 없어서는 안 될 중요한 열쇠를 쥐고 있는지도 모른다.

의학적인 효과 외에도 산호초는 우리가 살아가는 미

△ 질병 치료제로 연구 중인 산호초 주변의 해면동물

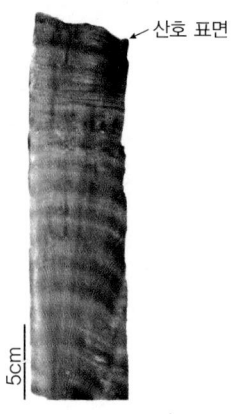

산호 표면

5cm

△ 산호 층을 통해 과거의 환경 변화를 연구한다.

래를 어느 정도 예측할 수 있는 도구로 이용된다. 나이테가 나무의 나이를 알려 주듯이 매년 자라는 산호의 층을 분석하면 나이는 물론 과거의 바다 환경까지 알 수 있다. 마이애미 대학교의 그리어 교수는 산호의 탄산칼슘이 열대 대서양의 온도와 염분을 알려 준다는 연구 결과를 제시하면서, 산호를 이용해 기후 변화 연구가 가능하다고 발표했다. 즉, 산호초 연구는 전 지구적 그리고 지역적인 기후 변화 예측을 위한 중요한 기초 자료가 되고 있다.

1	2
3	4
5	6

△ 산호초 주변에서 과학조사를 하는 모습

1~2 산호초 주변의 해면을 조사하는 모습

3~4 산호초 주변에서 시료를 채취하는 모습

5 물속에서 산호 생태를 정리하는 모습

6 환초 주변 수심 100미터 지점의 생물을 조사하는 모습

인간은 자연으로부터 다양한 업적을 이루고 있지만 자연을 인간이 개발하고 사용하는 하나의 도구로만 생각하면서 자연환경을 빠르게 파괴시켰다. 머지않은 시간 뒤에 우리 후손들은 환경 파괴에 따르는 엄청난 대가를 혹독하게 치러야 할지도 모른다. 어쩌면 미래의 인류는 생존 그 자체를 위협받을지도 모를 일이다.

열대 우림 지역이 지구의 허파 역할을 한다면 산호초 지역은 '바다의 허파'라고 할 수 있다. 산호는 열대 우림과 함께 이산화탄소를 흡수해 지구의 온도를 조절하는 소중한 존재이기 때문이다.

산호초가 만들어지려면 수천 년이라는 긴 시간이 걸리지만, 사람들에 의해 파괴되는 것은 순식간의 일이다.

△ 위 잘 보존된 산호초, 아래 인간이 산호초 생물을 이용하면서 파괴한 산호초

산호초가 파괴되면 산호초 지역에서 살아가는 다양한 바다생물도 사라지게 된다. 그리고 그 영향은 인간에게 부메랑이 되어 돌아온다.

자연은 우리가 함부로 쓰고 버리는 일회용품이 아니라 후손들에게 물려줘야 할 소중한 자원이며 삶의 터전이다. 우리가 살고 있는 이 지구는 우리 것이 아니라 우리의 후손들에게서 빌려 쓰고 있다는 말을 명심해야 할 것이다.

수억 년 이상 지구를 지키며 살아온 산호에 비해 상대적으로 짧은 역사를 가진 인간이 자신들이 살아온 정보를 가지고 산호를 보호하겠다는 계획은 어찌 보면 무리한 이야기일 수도 있다. 하지만 앞서 말했듯이 지금 산호초에서 일어나는 현상을 제대로 파악한다면 미래의 우리에게 어떤 일들이 일어날지 예측할 수 있다.

산호초를 보호하는 이유는 단지 환경문제 때문만이 아니다. 우리가 자연의 생물들을 지구상에서 함께 살아가는 소중한 생명체로 존중하고 아낄 때, 우리도 자연으로부터 소중한 존재로 존중받게 될 것이다.

사진에 도움을 주신 분

_김억수 산호초 풍경(14쪽, 28쪽, 76쪽, 94쪽, 102쪽, 122쪽, 132쪽, 146쪽), 수심이 얕은 곳의 산호초(17쪽), 산호의 촉수(25쪽 오른쪽 위, 왼쪽 아래), 다양한 색깔을 띠는 산호(27쪽), 말미잘(31쪽 맨 아래 두 개), 연산호의 근접 촬영 모습(36쪽), 팔방산호(39쪽 4, 5, 6), 환초 바깥쪽의 산호초(47쪽), 산호의 폴립(52쪽), 산호초 주변(62쪽), 산호초 생물(64쪽), 독가시치(67쪽), 쥐돔류(69쪽), 야행성 물고기(71쪽), 밤에 활동하는 바다생물(72~73쪽 1, 2, 3, 4, 5, 7), 청자고둥(84쪽), 맹그로브게(84쪽), 전기가오리(84쪽), 숨어 사는 생물(87쪽 위 두 개), 흰동가리(91쪽), 공생하는 새우와 고둥(91쪽), 어린 산호(106쪽), 산호의 이분법(108쪽), 석회암으로 변해 가는 산호(113쪽), 산호를 위협하는 인간 활동(116쪽), 우리나라의 산호(124~125쪽 2, 5), 독도 바다의 산호(126쪽), 심해 연산호(127쪽), 제주도의 연산호 군락(128~129쪽), 연산호 주변의 말미잘과 어류(131쪽), 풍요로운 산호초(138쪽), 돌고래(138쪽), 산호초 주변에서의 과학조사(145쪽 1, 2, 3, 5, 6), 잘 보존된 산호초(148쪽), 파괴된 산호초(148쪽)

_오정희 코코넛게(84쪽)

_이상훈 산호의 층(144쪽)

_정준연 산호초 주변의 삶(11쪽 아래), 산호초 풍경(20쪽, 42쪽, 50쪽, 60쪽, 110쪽), 식물 모양을 한 바다 동물(22쪽 4, 6), 산호의 촉수(25쪽 왼쪽 위, 오른쪽 아래), 말미잘(31쪽 맨 위와 가운데 네 개), 해

파리(33쪽 왼쪽 위), 히드라(34쪽 왼쪽과 오른쪽 아래), 팔방산호 (38~39쪽 1, 2, 3, 7), 육방산호(40쪽, 41쪽 왼쪽 맨 아래), 아랫부분 과 윗부분이 다른 산호(53쪽), 산호의 내부(55쪽), 다양한 모양의 산호 (56~58쪽), 산호를 먹는 물고기(65쪽), 석회관갯지렁이(74쪽), 바다나 리(74쪽), 상어(79쪽), 바라쿠다(80쪽), 문어(81쪽), 갑오징어(82쪽), 새우(82쪽), 곰치(86쪽), 숨어 사는 생물(87쪽 아래 두 개), 갯민숭달팽 이(89쪽), 청소놀래기(92쪽), 망둑어(92쪽), 산호의 몸에 의지하는 생 물(97쪽), 가시왕관불가사리(99쪽), 나팔고둥(101쪽), 산호의 산란 (104~105쪽), 산호가 자라는 모습(108쪽), 산호의 백화 현상(114쪽), 다시 살아나는 산호(119쪽), 산호초 주변에서의 과학조사(145쪽 4)

참고문헌

동아출판사백과사전연구소 편, 『동아세계대백과사전(제16권)』, 동아출판사, 1994.

미리엄 모스 지음 · 강이경 옮김, 『여기는 산호초』, 서돌어린이, 2007.

박흥식, 『산호』, 웅진닷컴, 2003.

박흥식, 『재미있는 바다 이야기』, 가나출판사, 2007.

송준임, 『한국의 동물(자포동물 2 : 산호충강)』, 생명공학연구소, 2000.

실비아 A. 얼 지음 · YBM시사편집부 옮김, 『산호초』, YBM Si-sa, 2007.

앤드루 바이어트 외 지음 · 김웅서 외 옮김, 『아름다운 바다』, 사이언스북스, 2002.

최우현, 『최우현의 보석 이야기』, 책사람, 2004.

하세가와 고이치 지음 · 이수미 옮김, 『신나는 바다 학교』, 푸른별, 2007.

Denise Nielsen Tackett · Larry Tackett, 『Reef life; Natural history and behaviors of marine fishes and invertebrates』, TFH Publications, 2002.

GCRMN, 『Status of Coral Reefs of the World:2004』, Global Coral Reef Monitoring Network, 2005.

Julian Sprung, 『Corals; A quick reference guide』, Ricordea Publishing, 1999.

Terrence M. Gosliner · David W. Behrens · Gary C. Williams, 『Coral reef animals of the Indo-Pacific』, Sea Challengers, 1996.

Thomas M. Niesen, 『The marine biology coloring book』, Harper Resource, 2000.

J. E. N. Veron, 『Coral sea of the world』, Australian Institute of Marine Science, 2000.